戴更基寵物行為館 05

What! 敢咬我？

暢銷作家．知名動物行為治療專家
戴更基

高寶書版集團

What！敢咬我？—擺脫狗狗咬人的惡夢

作　　者：戴更基
主　　編：林秀禎
編　　輯：蘇芳毓
校　　對：林谷芳
出 版 者：英屬維京群島商高寶國際有限公司台灣分公司
Global Group Holdings, Ltd.
地　　址：台北市內湖區新明路174巷15號10樓
網　　址：gobooks.com.tw
E－mail：readers@sitak.com.tw<讀者服務部>
pr@sitak.com.tw<公關諮詢部>
電　　話：(02) 2791-1197　2791-8621
電　　傳：出版部　(02) 2795-5824
行銷部　(02) 2795-5825
郵政劃撥：19394552
戶　　名：英屬維京群島商高寶國際有限公司台灣分公司
初版日期：2006年3月
發　　行：高寶書版集團發行/Printed in Taiwan

國家圖書館出版品預行編目資料

What!敢咬我?：擺脫狗狗咬人的惡夢 / 戴更基
著. -- 初版. -- 臺北市 ：高寶國際出版 ：
高寶發行, 2006[民95]
面；　公分
ISBN 986-7088-19-0(平裝)
1. 犬 2. 動物行爲 3. 動物心理學
437.66　　　　95001195

Maternal Aggression

Play Aggression

Fear Aggression

Pain Aggression

Territorial and Protective Aggression

Redirected Aggression

Food-Related Aggression

Possesive Aggression

Interdog Aggression

Predatory Aggression

Dominance Aggression

Idiopathic Aggression

推薦序

費昌勇　台灣大學獸醫系教授

人神同形(anthropomorphism)是希臘文化的特點。他們認為人與神同形同性，因此希臘神話中天國的英雄女神和人的形像是一致的。在動物福利的思想中，也借用了人神同形一詞，但在這裡的意義是指「人用自己的想法去想動物的心情與感覺。」人有很複雜的社會行為與思想，但狗的思想很單純。狗只能用牠自己的語言與想法去與人類溝通，牠對人類的了解有限。因此人應該多了解狗，而不能寄望狗來了解人。如果人不能了解狗，就會發生誤會。其實狗是很忠心的動物，遠超過人的臆測。如果人能夠多了解狗，就會有很美的互動。

本書主要是關於狗的一般行為，是飼主們最需要的知識。內容包括母性、遊戲規則、恐懼的反應、痛苦的表情、護衛領域、爭寵、情緒的發洩、護食、維護財產、狩獵、領袖、攻擊。尤其對攻擊的描述幾乎佔了全書的一半，這是最常造成人狗誤會與衝突的區塊，由此可知作者的用心。本書是戴醫師兼顧學理與經驗的綜合心得，全書深入淺出，讀者可以在最短的時間以最輕鬆的心情正確的了解您忠實的朋友，這是本書最珍貴，也最值得推薦之處。

自序

這本書寫了好久，終於寫完了，因為真的抽不出空來寫書，不過還好，總是完成了。飼主們在閱讀我的書籍時，請注意，不要只看一本，請把所有的書看完，因為我寫的是工具書，不是故事書，無論我用哪一種方式來呈現，目的只有一個，就是讓主人您能夠理解自己的寵物，能夠換個角度來看事情，能夠不再虐待動物，能夠尊重生命，這樣就足夠了。

書本的內容，有因應時代的變遷，所以不同時期會有不同的看法，不過我們總是會一直進步的，所有有關書本上的修正，我都會在我的網站上公告，讓行為或是醫療資訊不會停留在過去，有空來我們的網站看看吧！

Http://www.dvm.com.tw

Contents

Chapter 1 這是一本教導動物咬人的書，人類不要看！！

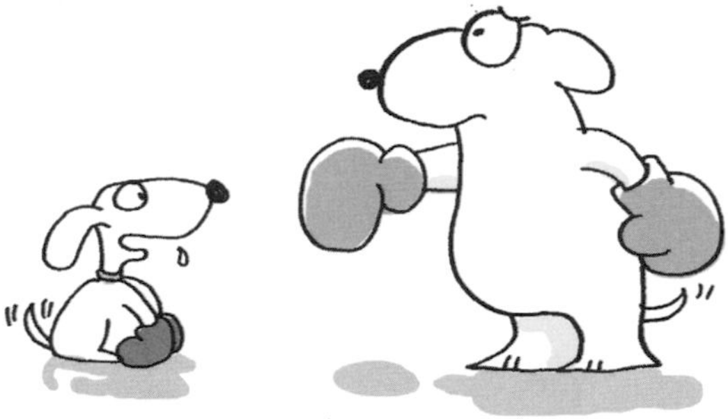

Chapter 2 狗狗的十三種攻擊行為

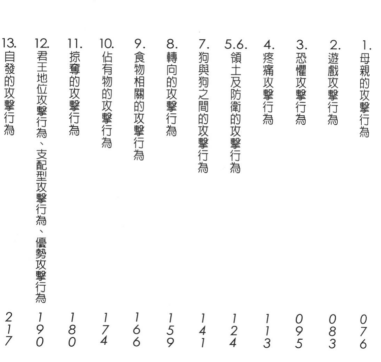

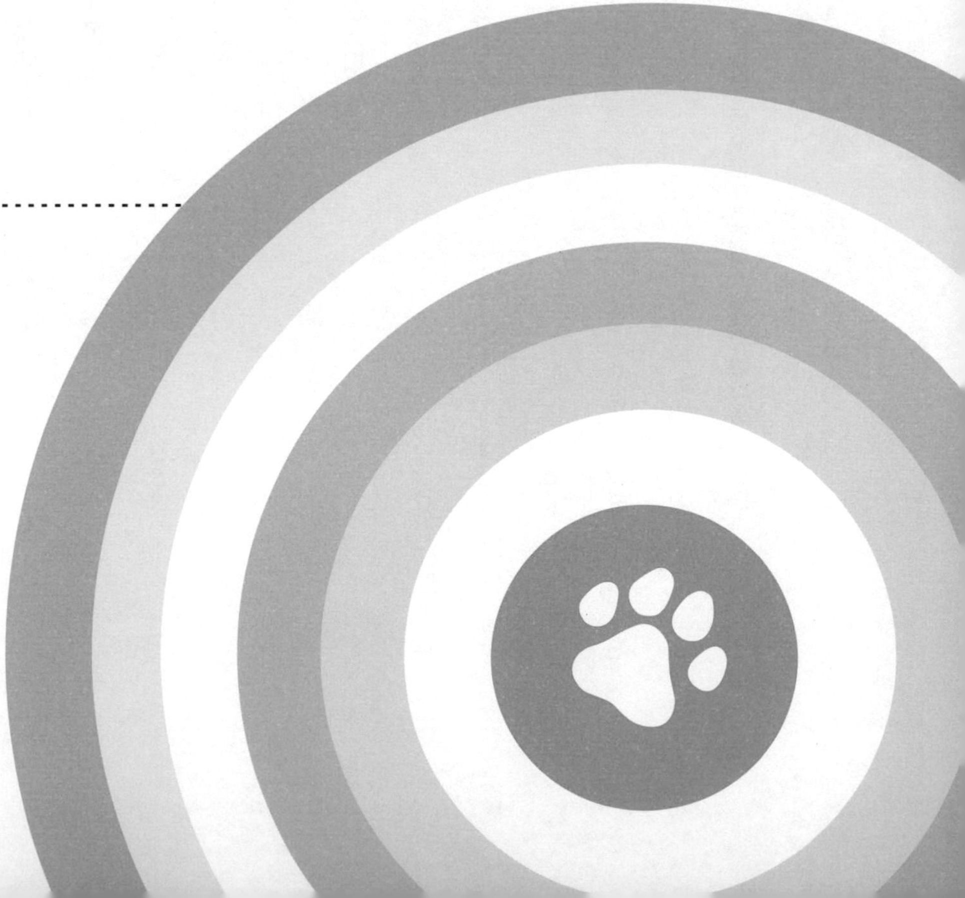

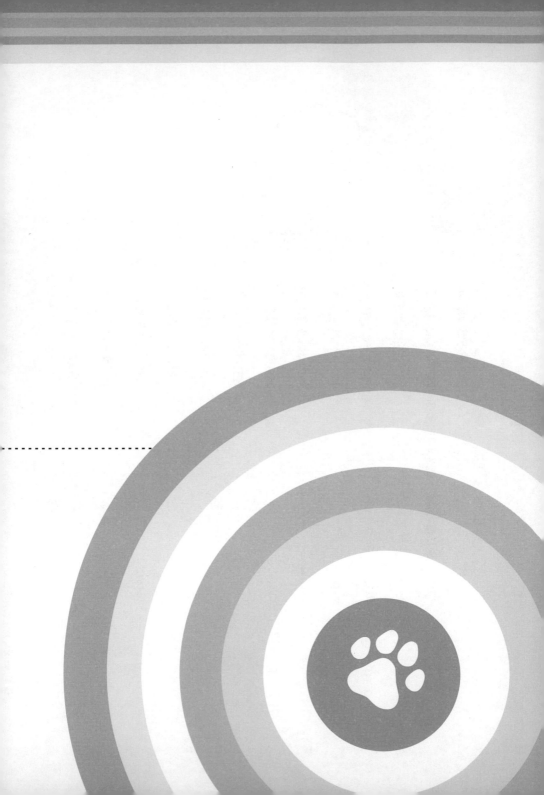

Chapter 1

這是一本教導動物咬人的書，人類不要看！！

先自我介紹一下好了，我叫什麼，沒錯，就是「什麼」，英文叫what，我是一隻在人類世界中見識廣闊的狗，雖然我的日子過得還算不錯，但是總是覺得生活中老是少了些什麼?就像女性人類的衣櫥裡總是少一件衣服的感覺，所以我總是想做點什麼的什麼事，做一點有意義的事，想來想去，我找到了一條路，就是寫書，把我所學的知識傳授給各位親愛的朋友！

我不知道你們在人類的世界中是怎麼熬過來的，無論如何，你要一直不停的學習，而我的經驗及知識，就是您學習最好的對象，因為我要在這本書裡面，教你們如何在人類的社會中求生存，不是一般的生存，而是在最艱難的狀況下，如何使用你們的嘴裡的牙齒，狠狠的對準人類的身體器官，用力的咬下去，並發揮你與生俱來的本能，達到安居樂業的境界！

你知道要達到像我這樣的境界是不容易的，不但安居樂業，還有時間做做研究，提升各位的福祉，人類有一句話我覺得蠻有道理的，就是「沒有吃過豬肉，也該看過豬在跑」，雖然是這樣說，但是我卻是吃了豬肉，還不曾看過豬在跑，這實在是件有點遺憾的事，話雖如此，這還是可以代表我閱歷深厚的意義，這也是我將要貢獻我能力的地方，多年以來，我們狗類一直都算強勢的存在，如果做起戶口普查的話，我想我們已不算是少數民族了，最起碼我們沒有種族歧視，我們是四海一家，語言是全世界共通，絕對沒有統獨的問題，這是值得欣慰的。但是在我的研究及觀察中，我發現多數的朋友的日子並不好過，可能是因為我們的族群太過龐大又太過分散的緣故，還有就是不懂得和人類溝通，人類在溝通上和我們比起來可是遜太多了，所以我們要想辦法加強溝通能力，要想辦法和你身邊的人類好好的溝通，不要怪人類沒有用，要怪自己找不到方法，不過從此以後，您不必再擔心了，因為接下來我將要教您如何和人類溝通，不是一般的溝通，而是在溝通無效時的緊急處理方式，就像是人類常常做的CPR 心肺復甦術一樣，可以緊急的救回一命，但是我也必須說明一點，也是會有無效死亡的情況發生，這點你們必須要先有認知！

好了，現在我們就拿有名的幾個案例來談談與人類相處的緊急應變方法及教戰守則！這些案例是透過網際網路以及口耳相傳的方式記錄下來的，有的你可能已經知道了，有些可能還沒有傳到你那裡，不過無論你知不知道都無所謂，好好的研讀以下的案例你就可以從失敗中記取教訓，從成功之中學起經驗，現在就讓我什麼帶著你來看看新生活法則吧！

一、彰顯母性：

您應該聽說過有名的母狗雪莉吧！或許你並不知道她的事績，她以前就住在台北的某個別墅，她造就了不少小孩，或許你還是她的後代的後代的後代，只是你不知道，因為你的血統書所記載的五代內容可能和多數人都有雷同的地方，不過不要緊，重要的是，她是我們狗族生產的大機器，在她生產後，人類就會想辦法偷她的小孩，你們可以活到今天，多數是她保護下來的結果，怎麼說呢？人類都會在她有了小孩以後，要去拿她的小孩，雖然我不是親眼所見，但是雪莉總不會騙大家吧！不但是小孩，有時候連她的東西也會搶走，我要強調的是搶奪，不是偷竊，因為他們都是在我們面前拿走的，這不是搶是什麼呢？我一向沒有這樣的感覺，但是懷孕的雪莉就有很深的體認，所以她教各位一個重要的方法，多多注意妳自己的東西和小孩，如果有人要動，先觀察，因為他們可能不是要搶，而只是不小心碰到而已，不要一看到人類碰到妳的東西就生氣，最起碼在這種狀況下要先看看，如果他們真的把妳的東西拿走了，跑上去咬他，把東西搶回來，不然妳的東西會越來越少，如果他們拿的是妳的小孩，更要去搶回來，不然我們狗族就要短少一個成員了！如果您是夠狠夠嗆的妞，再教妳一招，寧可吃了自己的孩子，也不要給人類搶走，誰曉得人類會搶去做什麼？！！

不一定要真的生出小孩時才這樣，只要妳自己覺得懷孕的時候，就算是懷一個空包彈也一樣，妳可能會有一點焦慮，不過沒有關係，只要有人想拿走妳的東西時，妳就要狠狠的衝上前去咬，只有這樣才能保住妳的東西！！

敢偷我的小孩！欠咬！

所以我給各位一個簡短的教戰守則：

1. 有懷孕的感覺或是確定有懷孕的時候，好好保護自己的東西，盯緊自己的東西，只要人類拿起來要帶走時，那就是搶奪，妳就要衝上去「咬」人類，再把東西搶回來顧好！
2. 在上述的狀況發生時，記好，即使妳的東西散到各處，但是只要在妳的眼見範圍內，都是不可拿走的，只要誰敢來搶，就咬他！
3. 生完小狗狗之後的狀況一直要到小狗狗稍微獨立一點時，狀況才可以解除！！
4. 以上守則只有女性適用，男性不適！

二、遊戲規則

自古以來，我們都不需要特別的語言就可以溝通，不像人類如此複雜，硬是要分種族，國家，同一個國家還要分多種語言，真是麻煩，我們不需要，世界大同在我們動物界早已達成，我們早已統一了，從來沒有那麼多語言的問題，只要大家在相處時，互相幫忙或是互相勸導，對於不對的行為，馬上制止就可以順利的達成三點共識，一是彼此地位高低的共識，二是見面時禮儀的共識，三是下回再有類似狀況的處理原則的共識，這些已在地球上存在超過一億年的共識，在有了人類這種奇怪的動物之後，就要對某些狗類及某些狀況做不同程度的修正，這點就有點為難我們了，因為我們沒這麼複雜，所以我一定要教各位注意這些差異，不然您的日子會不好過的。我們舉一個小魯做個例子好了，小魯是一隻米格魯（beagle），其實也就是那種短腿的獵犬，小魯的童年時期跟我不同，我是從小和同伴玩到大，而且現在我還和我母親天天見面，我的成長過程是完整的，沒有缺憾的，所以我才能在這裡教導大家。可是小魯就不是了，牠從出生以後就沒有同伴，唯一的同伴就是牠的人類朋友，說是牠的新爸媽也行，總之，沒有一隻正常的狗可以和牠做伴，牠一開始就很喜歡這位提供食物的人類，可是每當牠和人類遊戲的時候，人類總是一直要牠玩瘋一點。小魯告訴我，如果你玩得越瘋，人就越高興，人越高興，牠的生活就越好。但是比較複雜的是，人類沒有固定的標準，小魯往往不好拿捏。但是很確定的是，人類喜歡小魯魯莽的遊戲方式，不只是喜歡而已，還一直鼓勵小魯這樣子玩，小魯越魯莽，人類給牠的回應就越多。

我歸納出幾個原則：

1. 小時候先輕輕咬，如果沒事，就用力咬著玩，這樣才好玩。
2. 可以請求人類一起來玩，無論是用動作如翹起屁股或是用聲音叫都可以。
3. 玩耍時可以咬人類的腳，手，或是衣服。
4. 除了上述的部位以外，也可以撞擊人類。
5. 如果人類玩你的臉或是頭部，不要客氣，就先咬下去，從輕到重依狀況而定，這是一個自我的保護措施。

三、恐懼的措施：

大家要知道，我們的嘴巴和牙齒是很有用的工具，隨著你的年紀越來越大，你一定要學會如何使用你的嘴巴和牙齒，要學會如何自保。有些人的脾氣很壞，會動不動就發起脾氣，以我個人的淺見，脾氣好的人類比較少，多數的人類都不會控制自己的情緒，總是無緣無故的亂發脾氣，我和人類溝通過這一點，不過不會發脾氣的人可是少之又少，溝通只限於脾氣好的人，脾氣不好的溝通也沒有用，所以在這方面我特別要教導各位如何自保！

在你出生以後，大約是三個月大的時候，你就要開始學習如何保護自己，愛護自己，所謂身體髮膚受之父母，不敢毀傷，孝之始也！報答你娘的方法就是愛護自己的身體，所以保護自己就顯得特別重要了！如果你比較不會自我保護，最少也要在四年之內學會以下的自保方法，不然受苦的可是你自己！

基本的自保原則是先想辦法逃走，或許你的人類朋友會擋著你的去路，但是逃跑是最先要考慮的方法，畢竟，能不衝突就不要衝突，我們是愛好和平的，如果能夠和平解決的問題，我們一定不會動武的！如果我們讓步了，而人類還是苦苦相逼的話，可以先用聲音警告他，不是汪汪叫，那是沒用的！要用警告的怒吼或是咆哮的聲音，因為這樣他們才聽得懂。必要的話，還可以尿一些尿或是大一些便出來，告訴人類「不要再逼我了！不要再逼我了！」。還有一個東西，就是把肛門旁邊的肛門腺液（我們的身分資料）擠出來，這些都是告訴人類不要太接近的意思，不過經過統計，有時候好像是沒有用的，因為有很多人類看不懂，他們只有語言，難懂的語言，真搞不懂他們，我們這樣簡單的語言，他們竟然學不會！只會學一些奇奇怪怪的東西，所以說起來，人還真難搞，但是沒辦法，大家只好要多多注意了！

如果你被人類帶去看醫生，因為獸醫搞得太久，而且會痛的話，我知道你在這樣的狀況下一定會害怕，怎麼辦呢？簡單的很，別管這麼多，狠狠的對著你的醫生咬下去就對了，因為只有這樣他才會知道你不舒服！

如果每次有人靠近你的時候，都會無緣無故的被處罰或是被揍，那麼你就要有所認知，以後只要有人要靠近你，直接警告，如果不行的話，就直接咬下去！如果你一直被人類虐待又投訴無門的時候（基本上我們還沒有成立被虐動物保護局），你只有一個選擇，就是去咬人！如果你仔細觀察就會發現，會虐待小孩的人類就會虐待我們，會虐待動物的人類，也會虐待小孩。從這裡就可以知道，這些人「有病」也就是神經病的一種……小心！離他們遠一點，以免受害！最重要的是，如果你的日子是這樣走過來的，告訴你，人類是看狀況辦事的，所以你的主人會傷害你，那就表示他所有的朋友都會傷害你，在那個環境下，只要是任何會讓你害怕的狀況出現的時候，不要管他是誰，只要你覺得害怕，就狠狠的咬下去，不但要咬，還要學習經驗、記取教訓。我知道或許你的心裡面還是很怕他，所以咬完以後或多或少會有點不知所措，但是看看人類被你咬之後的表情，還有被你咬了以後的反應，其實你一定可以歸納出一個規則，只要你咬了他，他就不會傷害你。就舉一個二楞子的例子好了，二楞子是隻美麗的巴吉度（basset hount），男性，今年已經快五歲了，牠的主人是個老師，老師耶！那又怎樣？二楞子從小被打到大，我告訴你或許你還不能相信，二楞子說，牠到現在還不知道為什麼老是被「老師」打？我聽了都好難過，這樣的老師不知道會不會打小孩？搞不好也會，對不對？哈哈！報應啦！打狗的人類終會自己消滅自己的！不過還好，到了二楞子快三歲大的時候，牠就學會了咬老師以自保，不但有效，還是非常有效，可是你知道嗎？二楞子咬了「老師」以後，雖然老師還是會反過來打二楞子，但是重點是，無論在哪一種狀況下，只要二楞子咬了老師，老師虐待二楞子的那雙手就一定會收回去，這就夠了，二楞子的任務完成。經過了半年，老師再也不敢碰二楞子，更別說虐待牠了！這就是一個很重要的經驗，人類一定會在學習中記取經驗及教訓的。終有一天他們會收手不再打我們的！不但如此，從此老師連二楞子的臉都不太敢不尊重了！二楞子的日子才好過了些！

整體而言，我整理出幾個自保的守則：

1. 不要忍受無謂的傷害，雖然你很愛他，但是如果他太過分，狠狠的咬下去。

2. 雖然看醫生是重要的，但是只要醫生把你弄疼了，而且讓你害怕了，就咬下去別客氣。不要把人類的快樂建立在自己的痛苦之上。

3. 雖然可以把人類奉為神，但是神如果做得太過分的時候，無緣無故就讓你不舒服的話，咬他是你最好的選擇。

4. 在路上看到陌生人靠近的時候，只要有一點像是要傷害你的樣子，你應該要咬他。

5. 碰到瘋子人類以後，不要相信人類，因為一個瘋子的朋友不可能會有多好，一律都要咬

6. 如果你被傷害得太重了，仔細觀察人類的反應，如果你一咬他，

他就會逃離的話，乾脆在還沒被傷害之前就先咬人，以免被傷害！這叫做先發制「人」。

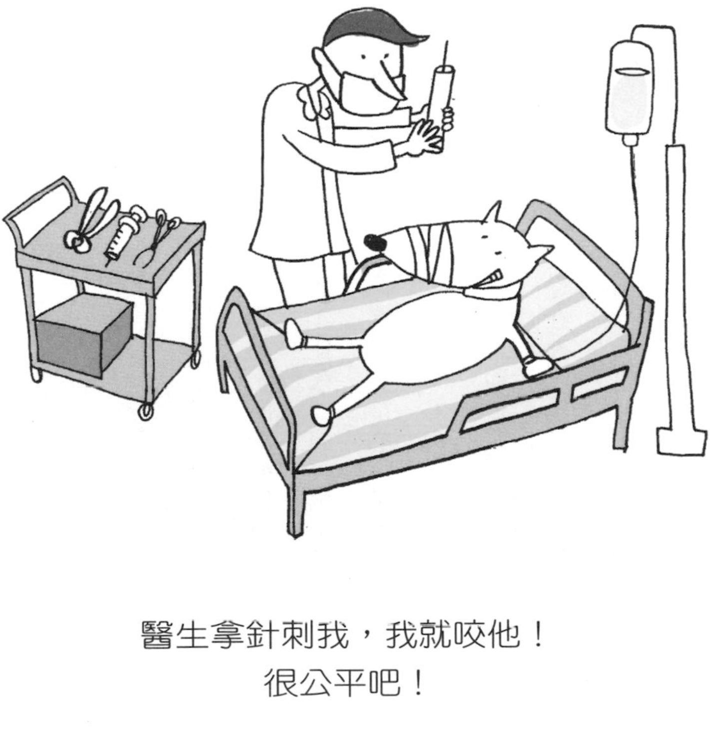

醫生拿針刺我，我就咬他！
很公平吧！

四、痛苦的時候：

要舉這樣的例子，我想可以提出來的就不計其數了，既然是不計其數，待會兒我就隨便舉一個你們都不認識的傢伙好了，大家都知道我住在醫院裡，可不是因為我生病才住在裡面，也不是因為發神經才會住在醫院，而是正巧我的主人是個醫生，當然不是醫人類的那種醫生，而是專門幫我們看病的醫生，也因為這樣，我才會知道這麼多事情，「狗狗」你們都知道吧！滿街的狗狗，人類不知道我們的名字，每一個都叫狗狗，所以我現在要講的狗狗是在重劃區的那隻黃色的狗狗，牠一向對人類都很好的，可能是因為牠運氣好，碰到的人類對牠都不錯吧！可是你知道嗎？好景不常，有一天，牠在路上晃呀晃的，突然來了個巨大的東西，這個被人類稱為車子的東西，體積又大，聲音也大，平時還不覺得它有什麼？只是吵了點，臭了點，可是就在這麼一個風和日麗的早上，它在一眨眼之間就出現了，然後砰的一聲，狗狗就飛了出去，狗狗自己不知道為什麼，只知道自己飛了起來，等到落地以後才發現身體不知道哪裡不舒服，就是疼痛難挨，牠鼓起勇氣站了起來，往牠平時睡覺的地方移動，因為那裡對狗狗來說是最安全的地方，可是一站起來，就發現有一隻腳完全使不上力氣，也不知道為什麼，就是沒辦法使力，我們都知道凡事得靠自己，那也只好咬緊牙根拖著疼痛的腳往前邁進，到了晚上，平時會拿東西給狗狗吃的那個人類又出現了，她叫什麼名字我們是不知道，只知道她會拿東西給狗狗吃，狗狗看到她來的時候，雖然身體不舒服，但是並不是沒辦法過下去的，所以站起來去迎接她，狗狗知道她喜歡狗狗迎合她的樣子，也因為這樣子才能夠豐衣足食，所以還是表現出沒事的樣子，她蹲了下來，用手到處亂摸，狗狗可忍不住了，開什麼玩笑，很痛呢！可是她還是摸呀摸的，所以狗狗索性就往她的手咬下去，這下好極了，因為她再也不敢亂摸狗狗了，這種事發生在多數的狗狗的身上，雖然很平常，但是我要引此為借鏡，讓大家學習，當你疼痛的時候，不需要忍耐，對著讓你痛的人狠狠咬下去就對了，如果你夠狠或是結合所學延伸應用的話，先對人類露出不友善的臉，齜牙咧嘴的表現出來，或是先下手為強，先咬人，以避免人把你搞痛了。所以再舉一反三的應用到生活上，以下是提供給各位參考的生活疼痛教戰守則：

1. 當有人、事、物、去碰你的痛處，如果痛到不能忍受的時候，就不要忍，狠狠的對這個人、事、物、咬下去；
2. 當有人用棉花棒挖你的耳朵的時候，不要妥協，因為真的很痛，最好在看到棉花棒的時候就咬；

3. 有人類要幫你剪趾甲的時候，先回想你的經驗，如果他的技術不佳，不需要等待，馬上把手抽離，如果沒辦法抽離或剪得痛了，記得一定要叫，不要忍耐，甚至於狠狠地咬下去；

4. 有人類要幫你梳理的時候，記得，人類很粗魯，不會輕柔的，如果痛了，一定要叫出來，不需要忍耐，如果太痛，直接咬人！

5. 有時候人類會突然出現在你的上方，用他很重的腳，去踩你的尾巴，先不管三七二十一，咬下去就對了；

6. 有些穿白色衣服的人，常常會用針刺你，你如果不爽，也可以咬的；

7. 還有些人類如果硬抓著你的頭餵你吃一些你不想要吃的東西，記得，先反抗，不要忍耐！必要時一定要反擊；

8. 上述所有的狀況在發生之前，也可以直接先行攻擊，狠咬人類，才能自保。

五、六、保護家園：

人類有家園，我們也有，家園在我們的語言裡就是領土，但是領土可以視狀況而有所改變，這不需要去地政機關更改，各位可以隨著自己的個性以及當時的狀況，可以任意更改，更改後也一樣可以再次塗銷更改，這種體制讓大家歡迎，不用受到約束。不像人類，一定要死守一個地方，做什麼都要這麼麻煩，在這項的詳細說明之前，我要將這一段分為兩部分來談，第一部分是領土，第二部分是保護。

記得有一隻狗狗DINO嗎？這隻還算有點名氣的狗狗，如果您不知道，去問問您的主人，如果您的主人也不知道，叫你的主人去買一本《狗狗的異想世界》，裡面就有牠，DINO就是在這方面出名的，無論在

第一部分還是第二部分，我都要用牠做為例子，DINO生活在一條巷道內的一間有院子的屋子裡，您知道嗎？日積月累的下來，DINO已知道自己的勢力範圍，從大門口開始就屬於牠，但是有時候牠也會自動更改版圖，所有靠近牠的領土的人事物，都可能會奪取屬於你領土裡的東西，所以想要保住的方法只有一個，就是先警告，警告無效就格殺勿論！但是還有一些原則，當你選擇好領土的大小後，不屬於領土內的東西都不需要在意，也不用注意，但是只要有誰敢動你領土的腦筋，就給他死！尤其是來來往往的人或是動物都是一樣的，這樣來來往往的一定不懷好意，不需要對他們客氣，保護領土比較重要！

這些都是我的地盤，閒人勿入！

另外就是保護，通常是保護人，怎麼說呢？當有任何事物有一絲一毫的可能性會侵害你的人類朋友的時候，記得要攻擊，這有個重點，要先觀察，記得站在你的主人和會侵害您的主人的人事物中間，像人類的終極保鑣，像總統的貼身護衛，所以要站在外來可能的侵略者和你的人類朋友的中間，這樣你才可以隨時反應，咬下去！這點 DINO 做得非常徹底，被牠擊退的人可真不少，挽救了牠主人的性命！！

以下就是 DINO 及我提供的教戰守則：

1. 當你有確立的領土的時候，好好的保護它，方法不外乎齜牙咧嘴，狠咬狂咬，追上去咬！

2. 當有可能的入侵者出現的時候，不管是人類還是同類，還是其他的看不懂的東西，總之，在還沒有侵入前就先警告對方，只要警告無效，就直接攻擊；

3. 當你決定要做終極保鑣時，要眼觀四面，耳聽八方，寧可錯殺一百，不可放過一個；

4. 終極保鑣的任務一定要學會擋在前面，所以要站在被保護者的前面，背對著被保護者，面向入侵者，這樣才有辦法隨時攻擊；

5. 以上所列舉的各種方法，可以在還沒發生之前就做。

七、維持地位：

有很多人類讀了我老闆的書以後（也就是我的主人啦！），對我們狗狗是比較了解一點了！但是還是不夠的，就比如說在家裡面為了地位的搶奪而自相殘殺的事，人類就會覺得為什麼我們之間不能和平共處呢？可是看看人類，更偽善，表面和和氣氣，等到有利害關係的時候，可就比我們更狠，我們是很直接的，從不矯揉造作，也不玩陰的，有話直接講清楚說明白不是很好嗎？但是人類永遠就是搞不清楚這一點，我就拿一個發生在二〇〇一年五月的案例來說明：

二〇〇一年五月的時候，我認識了一個朋友，牠是個性溫和的拉不拉多，牠的曖昧關係對象……人類娜娜，認為牠很溫柔而取名字叫羊羊，羊羊自己是很滿意這位曖昧的娜娜，但是我們都不認為牠的人類朋友哪一點好，因為她是一個喜新厭舊的人類，怎麼說呢？娜娜剛開始在二〇〇〇年的時候養了羊羊，每天都和羊羊相處在一起，羊羊也覺得日子挺好過的，本來一開始，羊羊把娜娜當做領導者而追隨著她，可是慢慢的發現，娜娜老是沒有用的告訴羊羊「老大讓你當」，剛開始羊羊也不願意相信這樣的事，因為娜娜長得這麼大，怎麼會這麼沒有用？但是她一直表示自己的無能，羊羊只好硬撐場面的當起了老大，領導著娜娜一起生活，只是有一點不明白的就是，為什麼娜娜老是有辦法弄到食物而不做老大，這種事我們一輩子也想不透。不過不重要，總之，羊羊因此做了一年的老大，可是到了二〇〇一年五月的時候，有一天，突然看見娜娜抱著一隻小狗瑪爾濟斯回家，兩個月大，本來羊羊也只是好奇的聞一聞，看看牠到底是誰？不過因為牠還小，羊羊也只是好奇而沒有太在意牠的出現，可是越來越不對勁的是，牠一來就再也沒有離開過，而且也一天天的長大了，羊羊是母的，娜娜是母的，新來的LUKA也是母的，這意味著大家的地位一定要弄清楚。事情是這樣發生的，本來LUKA對羊羊表示著順從，畢竟兩者的體型差這麼多，當然是LUKA要對羊羊順從的，可是一天天的過去了，LUKA越來越囂張，娜娜每天只抱著LUKA，甚至於出門也只帶LUKA，這點真的令羊羊感到矛盾，怎麼把我們的社會秩序弄亂了呢？LUKA也很糟糕，牠竟然挑戰羊羊，終於有一天，羊羊忍不住了，和LUKA對上了，兩人打成一片，當然是羊羊贏啦！白癡都會知道的，可是怪的是，娜娜揍了羊羊一頓，這令羊羊百思不解，哪裡做錯了呢？不要說羊羊啦！連我都想不透為什麼？LUKA是該教訓的，這本來就是我們的社會秩序賴以維持的精神及方式啊！

有一天，羊羊和LUKA又槓上了，兩人正要打起來的時候，娜娜對羊羊又罵又打的，然後又把LUKA抱走，LUKA不但不知道服從，還更大聲對著羊羊怒罵。羊羊心中有著一股怨氣無處發洩，但是牠找到了方法，從此LUKA只要看到羊羊就閃得遠遠的，以下就是羊羊提供給各位的教戰守則：

1. 如果人類讓你做老大，你就做，沒問題的；
2. 即使人類做了老二，但是他們的力氣還是很大的；
3. 即使人類會用拳頭對你，但是你還是要堅持做老大，因為人類每天都在提醒你別忘了老大該做的事；
4. 雖然做了老大，但是還是由人類去負責食物；
5. 碰到人類把低等地位的狗捧起來做老大時，寧死都不可以讓步；
6. 如果你的堅持會讓你被人類用拳腳相向的話，記得利用人類沒看見的時候好好堅持一下；

7. 最重要的一點，當你對社會地位有明顯的不確定性，內心出現焦慮時，就要運用武力來看看你到底在哪一個位置。

以下是LUKA提供的：

1. 人類要你做老大，即使自己沒有用也要做下去；
2. 人類雖然力氣大，但是碰到我們這種可愛型的狗狗就沒有用了；
3. 雖然人類對你的同胞拳腳相向，但是別忘了自己的身分；
4. 要食物時，找人類就對了；
5. 碰到那些自以為很老大的狗狗，不管是家中一起生活的還是外面的，一概不要讓步。反正終究會有人類出面幫忙；

6. 小心人類不在的時候，最好避開那些大狗，不然會像我一樣受傷住院，不聽勸告的可能招致死亡；

7. 最重要的一點，當你對社會地位有明顯的不確定性，內心出現焦慮時，就要運用武力來看看你到底在哪一個位置。

以上守則牢記在心，不要讓人類知道。

八、發洩的方法：

你知道嗎？如果你真的深入去了解人類是什麼東西，你就會發現，他們是偽善者，什麼都說得很好聽，見面要握手打招呼，如果臉色不好，就被認為不會做人，面對自己討厭的人，可能為了自己的面子或是修養，反而會表現出熱絡的樣子，有些人更噁心，明明就是超級自私的人，卻處處表現得很大方及圓滑，妙的是，大部分的人還喜歡這樣的人，我從這四年的觀察中發覺，只要你會講話，就算你是壞人，都可以起死回生變成人人口中的好人，我還發現一件事，人類很容易互相影響，比如說電視上演什麼，他們就會跟著學，如果電視上常常在打架，他們也學會打架，我還看過一個人，就是小利的爸爸，小利就是那隻睡在客運站的黑白花小土狗，他的爸爸總是告訴別人說他多有愛心，養了小利以後花了多少錢，可是小利說，他根本不愛他，把小利關在院子裡，也不帶小利出去，小利叫呀叫著，希望去尿尿，他就衝出來揍小利，小利簡直活在水深火熱之中，可是他還是一直說一直說，說自己多有愛心。愛心個屁！

可是我發現有些人類也很厲害，這樣的謊話說多了以後，他也懂得調整自己，我知道有些比較有錢的人會去看心理醫生，有些有錢的人會透過買東西來發洩，往往買了一堆用不太到的東西，還有些人會哭，也有些人會放很大聲的音樂，吵死我們了，可是他們這樣做了以後，我覺得他們的壓抑才會被釋放，所以才不會有太多的神經病，因為神經病老是會拿我們出氣，不過最近的現象，我發現變了，神經病變多了，不知道是人類的環境改變得太多讓他們無法適應？還是現在的人類想法都變了，變得更虛偽、變得更壓抑。我想他們可能是為了那一張張可以換東西的紙而壓抑，真無聊。可憐的是我們的同胞，往往成為他們的受氣包，看到這裡，您更應該體會我的難過，所以你更要把我的書看完，而且還要一傳十，十傳百，不然這麼多苦難的同胞，要如何生存下去呢？

我要告訴各位的是，如果你我的基本行為或是本能沒有辦法得到一個出口的話，我們很容易得內傷，不是內臟受傷，而是心裡上會出毛病，這時候，你沒有辦法自己去找心理醫生，所以你就會開始舔手舔腳，或是凝視牆壁、天空，也有可能會咬蒼蠅，甚至於會一直轉圈圈，如果你的人生是從低級起家的，你就可能會一直打手槍，透過這些方法得到了抒發。但是當你正面臨到一些威脅而做出自保行為的時候，如果這時候有人類進來插手，您總不能在咬別的狗的時候突然打手槍吧！所以我要教各位的是另一種抒發方式，就是洩恨。教戰守則如下：

1. 當有人類阻擋你的攻擊，讓你無法成功的攻擊的時候，這種已經發出來的本能一定要抒發，不然會得內傷。
2. 抒發方式就是用你的嘴巴去咬。
3. 咬的對象以最接近的為第一考慮，不管是人類還是同類，誰最靠近就咬誰。
4. 可以的話，先咬阻擋你的那個人、事、或是物件。
5. 如果真的沒有活的動物或是人類可以咬，沒生命的也可以咬。
6. 就算咬到落空，也就是沒咬到，但是也已經抒發一部分的苦悶了。

7. 如果真的咬不到，發發狠也是一個方法，雖然這種方式要消氣比較難也比較慢，但是寥勝於無。

8. 如果您發洩的對象是同一個屋簷下的狗狗或是貓咪，人類會以為你是忌妒，要小心，不過，這也是一個可以得到注意及尊重的方法。

9. 在你生氣的時候，或是被人類擠的時候，或是你的意圖被阻撓，或是你不爽某人某事或是某物而對著它叫的時候，以上的守則完全適用。

此守則請牢記，以免得心病。

九、保護食物：

人類有一句俗話，叫做「民以食為天」，我不同意這一點，人類早就不是這樣的一種動物了。你知道人類應該改為「人以紙為天」，為什麼？因為人類只愛那些可以換東西的紙，聞起來有一股怪味，有銅的味道，有油墨的味道，又不能吃，可是人類卻好像寶貝一樣收在皮包裡，還有鏘鏘會響的圓銅板，一個一個都臭臭的，又不好看，又噁心，他們老是往口袋裡塞。

人類真的很善變，以前喜歡吃的，後來喜歡紙，現在又改了，他們喜歡塑膠卡片，每天在皮包裡塞滿一堆卡片，在我看來都一模一樣，可是他們卻以擁有卡片而得意，整天在比較這張卡和那張卡，什麼這張有送什麼，然後那張不好，因為怎樣怎樣，又有時候說這張卡有多好，可以換什麼換什麼……我的眼裡只看到愚蠢，換什麼？換來換去，還不是瞎忙？為了換這個或是換那個，每天都去工作，早出晚歸，我們在家都等得不耐煩了，幹嘛要換這些東西嘛！少換一點不就可以多一點時間陪陪我們了嗎？可是我們怎麼說，人類總是聽不進去，總覺得我們不懂，覺得我們複雜難懂，哎！其實人類才是最複雜的動物，真搞不懂，幹嘛每天只想要擁有不能吃的卡片，為了這些卡片，人類變得更忙碌，變得更不快樂，還有些人用一兩張卡片以後，就拿這一兩張卡片去換另一張卡片，換了以後，一陣子，又用這張卡片去換另一張卡片，這樣換來換去有什麼好處呢？我真不了解。話說回來，人類的這句俗話「民以食為天」，依我看，這句俗話可能要改為「愚民以卡為天」了。

回頭看看我們狗狗的世界，那一句人類的俗話，運用在我們身上，可真是再恰當也不過了，我反而覺得，我們才是最先進的物種，多少年下來，這句俗話對我們來說，完全符合。

食物是我們這一生中最重要的東西，吃不飽的時候就要省著吃，如果有多的，儘可能藏起來，因為你永遠也無法預期什麼時候會沒有。

我知道有很多朋友不同意我，因為你的爸爸媽媽把你當皇帝般的侍奉著，所以你永遠也不會有餓肚子的一天，但是不怕一萬只怕萬一，就像吳興街的 Lucy，以前我告訴她這些話的時候，她只會笑我笨，可是有一天，她和她的爸爸媽媽出去玩，這一玩，就玩出問題了，她難得出來，這回第一次見世面，什麼都新鮮，結果，不知道她的爸爸媽媽是故意的，還是不小心的，從此就再也看不到她的爸爸媽媽了。其實這本來也沒有什麼？要回家還不容易嗎？可是回家的路很長，而 Lucy 從來都沒有出來過，就算出來，也都是坐著人皮轎子出來，也就是坐在她爸媽身上。所以她根本沒有機會認識路，根本沒機會做記號，她根本就自己覺得自己是皇帝，老愛對著我們這些老一輩或是強壯的大哥哥大姊姊叫，她根本不懂，她那麼一咪咪，我們一口就可以讓她死無葬身之地，要不是我們修養好，不想和她計較，不然，我們老早就把她咬死了。瞧她那副德行，簡直就像個人類的走狗，還自以為自己很威風呢！

也就是因為這樣，所以在她剛和她爸媽走失分開的前幾天，苦頭才真是吃夠了，找不到一個可以躲藏的地方，每個地方早就被分配好了，她還以為自己還是那個走狗，可以作威作福，這下子，隨便一個街頭小子，就把她給打倒了，這小子的信心全部垮台，晚上找不到好的地方睡覺，白天找不到食物，回家找不到路。還好，長得還算可愛，最起碼在人類的標準是可愛的，流浪了幾天以後，被別人撿回家，這個撿她的人還真不簡單，竟然可以幫她找到她爸媽，算她好狗運。不過我還是覺得

Lucy 在外面比較好，不然。永遠也不知道自己是什麼。

經過了這一次，最起碼 Lucy 知道食物的重要了，看她現在狼吞虎嚥的模樣，不過我想用不了多久，她又會恢復以前的那個令大家討厭的死樣子。

說了這麼多，也只是要告訴各位食物的重要，所以您一定要盡力去保護你的食物。以下是我給各位的教戰守則：

1. 不要忘了你的本性，我們都是狼吞虎嚥的動物。
2. 如果你的父母親很會保護自己的食物，別忘了這個優良的血統
3. 如果你和你的兄弟姊妹是吃一個碗長大的，一定要學會搶食物，不然可能會沒有（親兄弟明算帳）
4. 就算你現在並不想吃，但是也千萬別讓別人拿走。

5. 在人類要拿走你的食物之前，你要先警告他們，你可以揚起你的嘴唇，露出你的牙齒，你也可以低吼，甚至於攻擊。

6. 拿走食物的定義包括：

A. 吃東西的時候，人類靠近你。

B. 當你的食物拿到手的時候，人類靠近你。

C. 當人類在吃東西時，東西掉在地上，然後被你拿到，而人類又想要要回去的時候。

D. 你的骨頭或是麵包、餅乾之類的東西被人類拿走時

E. 食物越稀有，你就要越兇。

7. 雖然是以人類為主要目標，但是為了確保你的食物安全性，攻擊也可以針對同類狗狗。

十、財產：

人類都有自己的財產，他們分成可動的和不可動的，不可動的就像是我們現在睡的房子，可動的比如說那個跑得比我們快，只喝汽油而不用吃東西的機械怪獸，還有那些可以換東西的紙，也別忘了他們最愛的塑膠卡，說什麼信用？有塑膠卡就是有信用？真是笨透了，我們就不必這樣，信用不是用塑膠來衡量的，信用是一種狀態，不能當飯吃的一種狀態，也是人類自己騙自己的一種狀態，還不就是讓給你塑膠卡的人越來越有能力，而拿塑膠卡片的人越來越辛苦，我一看就知道了，所以我們絕對不會去使用這種東西，如果我們看不爽，就會把它啃爛，這麼不好的東西，留著幹什麼？

財產，也是一種狀態，當財產有意義的時候，財產才算是財產，比如說，人類愛買房子當作財產，但是如果沒有人要買的時候，那也只是一個避風避雨的地方，如果地震弄垮了，財產就不叫財產，它可能變成了負債。

財產是怎麼來的呢？是你努力得來的，這一點和我們是一樣的，不過財產的部分我們老一輩的是比較不在乎的啦，對於一歲以下的小朋友們，您可能還不夠了解人類，所以特別在乎財產，所以呢，我要教教你們這些小朋友，如何在你還沒認清人類之前，學會面對你的財產。就讓我教教你們吧！

當您在人類的腳邊啃咬著你的東西的時候，不管這個東西是你從人類那邊偷來的，或是人類給你的，要知道，這個東西已經屬於你了，當人類想要拿走這些東西的時候，你可以對著他們齜牙咧嘴、輕輕咬一口、或是真正的咬下去。要知道，人類的這種行為對我們是有挑戰意味的。

以下是針對我們的財產定義所建議的教戰守則：

1. 財產的定義，除了原本屬於自己的稱為自己的財產，從人類那邊偷過來的，也算是你的財產；人類拿給你的，給了以後就是屬於你的財產。
2. 玩具也是我們的財產，就算不在你身邊。（什麼是玩具？請自行定義）。
3. 當你和你的人類朋友相處的時候，可以在人類的腳邊玩耍或是使用自己的財產。

4. 當人類要將你的財產拿走的時候，你可以攻擊人類。

5. 攻擊的強度可以依照狀況決定，輕的只需要齜牙咧嘴警告就可以，嚴重一點的可以輕輕的咬來警示人類，不然你也可以真正咬下去。

6. 就算你是靠在人類的腳邊，只要人類有意圖靠近你的財產，你就可以攻擊他。

以上守則針對小朋友才成立，如果你不在乎玩具或是財產，均不適用。

十一、打獵：

活在人類的世界中，少了很多原本應有的樂趣，原本在大自然界我們要吃的東西，除了運氣好撿到的死屍以外，大概都需要靠自己去捕捉以及狩獵，現在我們進入了人類的世界，每天只要飯來張口，想吃什麼就裝個人類喜歡看到的樣子，不過日子久了也挺無趣的。

看看人類，吃東西已經沒有什麼了不起了，雖然電視上也看過某些國家的人沒東西吃會餓死，不過，在我住的這個地區，是沒有這樣的問題的，有時候看到人類在看一些電視節目，有辦法的人類，除了吃以外，會找很多的樂子，有的人會拿一根棒子，追著小小白白的球跑，有的人會拿一根發出巨響的黑管子，對著天上的鳥射出東西，然後鳥就飛跑了或是摔下來了。這點就和我們的狩獵遊戲是一樣的，為了怕各位忘了自己原本是什麼，我特別幫大家整理了這種遊戲的規則，提供給大家參考：

1. 這種遊戲稱為掠奪，不是狩獵，但是可以練習狩獵。
2. 因為稱為掠奪，所以抓到的獵物可以弄死，但是不需要吃掉。
3. 掠奪的對象以小型動物為主。
4. 貓咪也是對象之一。
5. 雖然是同類，但是只要他小，我們就可以考慮當做獵物，特別是鄰居的小狗。
6. 根據我的觀察，住在嬰兒車內的嬰兒，他們每天就是睡覺、起床，突然尖叫，很符合受傷的獵物，所以也是對象之一。

7. 大家都有自主權來決定誰是掠奪的對象，你不把嬰兒列入也可以。

8. 掠奪前要俯身、慢慢前進，然後才是躍進。記得，這種狀態下，做錯決定是沒有關係的（根據守則九）

9. 對的永遠是對的，但是錯的也還是對的。

如果你追逐獵物的對象是人類的腳踏車等等，又追又叫的行為，不在此列，勿對號入座。謹記。

十二、君王：

自古人類就是從君王的時代開始，這一點和我們狗狗是一樣的，這是一種心靈的狀態，不是用來比輸贏比大小的，如果你是那種不願意當第二的，你可以自己封王，封了王以後，你就要有王者的風範，就要負起君王應該有的責任以及義務，因為這個王的封號，不是你說了就算的，還要你周遭的朋友都一致認同你、順從你，你才算是真正的王。我們狗族之間可以有無數的王，但是王和王見了面，很快就會發現誰才是真正的王，這時候原本的王可能要改而順從新的王，因為新的王和你比起來，可能更像王，而且更容易讓大家心服口服。

王者的風範，不是靠打架贏來的，而是內心的氣質自然散發出來的，那種為了爭奪地位而打鬥的，都不是王者，那是因為沒有王的時候，一切都亂了，社會亂了套，所以才會出現這種爭鬥的。真正的王，是一個領導地位，不單單表示牠最有權威，也表示牠要照顧我們這些子民，那種只會為了爭權奪利而自封為王的，都是神經病，大家要小心相處。

看看人類，我們跟著人類這麼久，從以前的君王制，到現在的總統制，似乎廢除了君王，其實卻只是換了一個名詞而已，總統也和君王一樣，在我們的眼中看不出有什麼不同，和我們爭鬥而來的王位沒有兩樣，而且我們狗族的王才真正配稱為王，因為我們的王會為了自己的子民去外面打鬥、狩獵，如果我們的王者不這麼做，這些狗族的子民馬上就會棄牠而去，而且我們不會隨便找一個不會為我們想的狗狗當王。可是看看人類的怪異現象，就算人類的王不做什麼，也不幫他的子民去打鬥、狩獵，他的子民就算嘴裡罵著他，卻還是有很多人會跟著他，即使生活越來越辛苦，也還是跟著他，就算這個王不做事，吸取民脂民膏，只是等著人民來供奉他，還是有很多人會跟隨他。這是我一直沒辦法弄懂的地方，算了，反正也不干我們的事。

有時候，你本來自己覺得不配做王，可是和你一起生活的人類太無能，你就一定要自己撿起來做，這樣比不做還要好，因為不可以讓無能的人類做，也不可以一日無王。這種狀況在發生之前會出現一些訊號的，比如說，人類沒事就摸摸你的頭，或是沒事就把你放在他的身上，或是放在他的大腿上，這些都是邀請你的訊號，不要放過這些訊息，還有些人類喜歡跟隨著你，這也是一個信號。老實的告訴你，人類的無能即願意順從，所以你就要自己稱王稱帝，以免國不成國，家不成家。雖然有些時候，這些無能的人類還是會對著你大小聲，或是對你動手動腳，這並不表示他們有能力當王，因為有能力的王是不需要這樣一直散發出弱者的訊息的，所以即使你被人類的手或是物品打到，就算出現疼痛或是傷口，甚至於讓你在死亡邊緣徘徊，你還是要拿起你王者的地位及權力。

當你成為王者之後，即便只是山寨主都一樣，對王者的定義要真實的了解，王者就是一切以你為中心，以你為優先，怎麼說呢？如果你和人類一起出去，他不可以走在你前面，只要你發現人類走在你前面的時候，記得追到他前面，要保持領先的姿態。當你要吃東西的時候，以你為優先，不可以將食物交給人類，只有在你自己不要的時候，才能讓人類拿走。在你和人類一起生活的時候，如果聽到有外來者侵入，無論是人類或是動物，甚至於是人類常常坐的機械怪獸，你要先率領著人類去驅逐它們。

有時候人類很無知，本來我們狗族已經有一個王者的定律，原本可以和平共處的定律，可是人類往往會隨自己高興而擾亂這個定律，把一個小不拉機的小小狗狗捧為皇帝，把一個君王的大狗卻視為奴僕，把一個和諧的社會搞亂，這時候你就用你的牙來平定內亂，寧可殺死小狗也要維持和諧，這是一定要的手段。看看社會的亂象，無論在狗族的社會還是在人類的社會，禍亂的根源都是人。

人類到現在為止，對於我們的這種王者風範的了解還不夠，其實，要拿出一個觀念來，王者，只是一個觀念，一個控制的觀念，而不是一種挑戰的觀念，更不是那種曖昧型的挑戰，比如說跳上沙發或是戀上你的床。其實大多數的我們，還是喜歡順從人類的，但是在人類的要求之下，會讓我們之中有些狗狗，不願意接受自己不是王者的事實。

當上君王以後，表現君王地位最大的工具就是你的牙齒，要好好利用它。以下就是我給各位君王的教戰守則：（無論你是自立為王，還是王室後代、還是被人類擁立為王。）

1. 對人類朋友表現出你的王者風範的第一步是：把腳掌放在人類的肩膀上。

2. 對人類朋友表現出你的王者風範的第二步是：讓人類以為我們要抱抱。

3. 對人類朋友表現出你的王者風範的第三步是：不爽的時候突然的對人類吆喝。

4. 君王不是當王，而是不願意當老二。

5. 當您對於存在的環境產生焦慮的時候，就要測試自己是否可以控制場面來當王。

6. 當上王以後，不一定要用攻擊的形態來維持。

7. 有時候堅持己見是唯一可以得到人類的關注的方法。

8. 面對到人類要置你於死地的狀況時，你要更狠

9. 當你長大到十八到二十四個月大的時候，就是你開始展現王者之風的時候。

展現王者風範的第一步：
把腳掌放在人類的肩膀上。

對於自己的位置有不安的感覺，卻又認為自己是王的，以下是給你的教戰守則：

1. 人類跨過你的頭上面的時候要攻擊；
2. 人類把你從沙發上推下去的時候要攻擊；
3. 人類要你從床上下到地面上的時候要攻擊；
4. 誰敢推你的肩膀？任何人推你，你一定要攻擊；
5. 如果有人要把你綁上繩索的時候，一定要咬他；
6. 如果有人敢瞪你，不用考慮，咬他；
7. 不准人類抓住你的鼻子和頭部。如果誰敢，就咬誰；
8. 睡覺時不可以被打擾，誰敢在你睡夢中把你吵醒，就咬誰；
9. 如果你的脖子上有鏈子，不准人類用鏈子弄你，誰弄你就咬誰；
10. 不准人類對你大小聲，如果對你大小聲，就狠狠地咬他。

11. 咬人的目的是什麼？如果你清楚就算了，不清楚的要知道，那是一個可以消除你內心對於社會階層不確定性的一個最好方法。

以下是守則的附屬條款：

表現王者風範時，你可以：

1. 瞪、咆哮、或是直接咬發生守則中的任何狀況的人；
2. 推擠人類；
3. 把腳掌放在人類的肩膀上；
4. 跨坐在人類身上；
5. 擋住人類的去路，特別是門口；
6. 用盡辦法不讓人類使用繩子；
7. 罵回去；

8. 抱抱人類、舔人類；

9. 用腳踩在人類的腳上；

10. 舔整個嘴唇；

11. 用鼻子嘆氣；

12. 用力踱步；

13. 依靠著人類的小腿；

14. 阻止人類的處罰，比如說咬住繩子。

十三、就是想咬：

最後這種就沒什麼好講的了，我只能說，想咬就咬吧，不管你是心理上的，還是神經上的問題，只要你的身體感覺告訴你去咬，你就去咬。反正，現在還沒有人類弄清楚我們為什麼會這樣子，其實我也還弄不清楚原因。總之，聽聽你自己的聲音，有時候不需要理由，你的身體會指引你去做該做的事，包括咬人。

教戰守則只有兩個：

1. 本守則就是沒有守則。
2. 一定要夠暴力，夠血腥。

雖然我的書和人類的書比起來字數很少，但是我知道對各位來說，字數太多了，不過請包涵，第一次寫書嘛！

以下的文章是奉送給你的主人看的，不是我寫的，是我老闆，如果他不愛你，不要給他看，因為那是沒有用的！

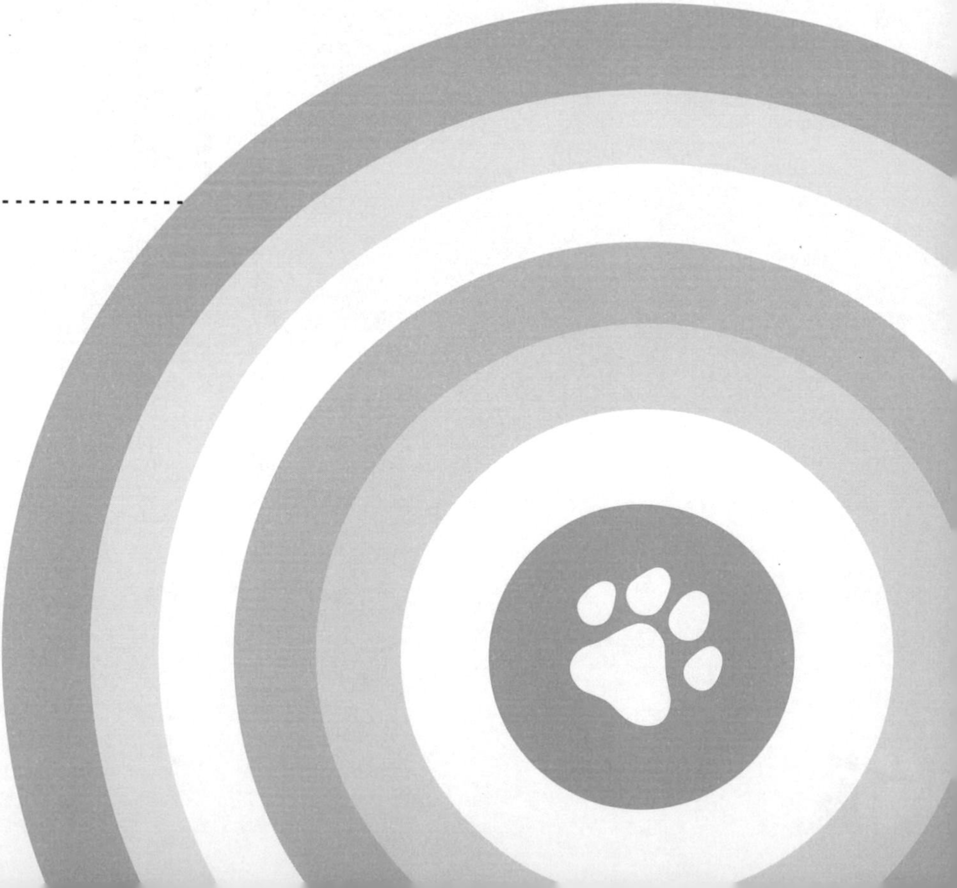

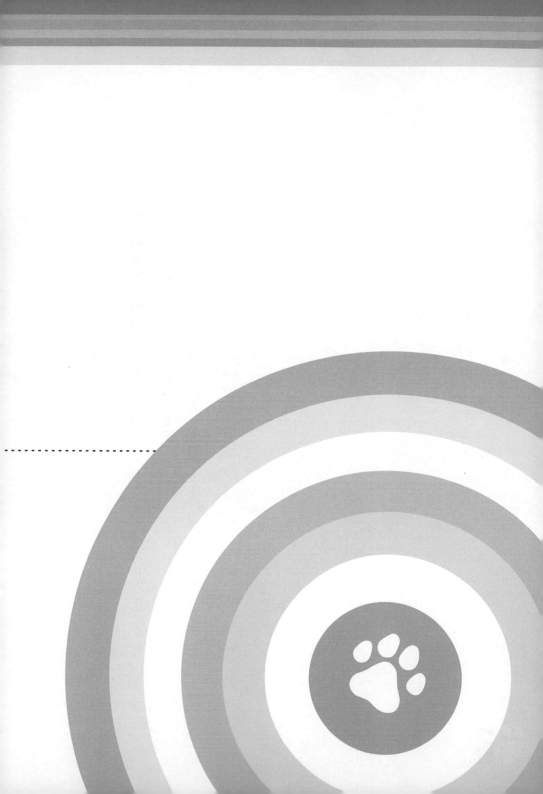

Chapter 2

狗狗的十三種攻擊行為

狗狗的攻擊行為分類起來共有十三種，但是多數的攻擊行為是好幾種的混合，有的只有一種攻擊行為，有的卻是有四五種攻擊行為的混合，最常見的是四種的攻擊行為的混合，而最嚴重的是九種。以下我就要帶您進入狗狗的攻擊行為了。

一、母親的攻擊行為

Maternal Aggression

老王養了隻狗，土狗，叫做小黃。小黃生了小孩，一個比一個可愛，有時候感覺比小黃還可愛，畢竟是小狗，就是一副天真的樣子，有一天，老王想要把狗狗都抱出來，順便清理狗籠，這時候小黃咬了老王一口。

隔壁的劉阿姨，也養了一隻母狗。狗狗叫做球球，球球也生了一窩小孩，劉阿姨剛發現的時候真的很開心，想要靠近瞧一瞧，球球露出牙齒低吼警告劉阿姨。劉阿姨想說，這隻狗都養這麼久了，看看不會怎樣吧！誰知道，就在劉阿姨走到籠子前面要蹲下來看的時候，球球把小狗狗吃掉了，留下劉阿姨一臉的錯愕。

小白被緊急送醫，因為牠亂吃東西，把爸爸給牠的絨毛玩具小哈士奇吞下去了，小白的爸爸緊張得要命，怎麼會吞這種東西呢？

阿花整天就守著自己的玩具不放，主人小鳳不想讓阿花生小狗，所以沒有讓牠去交配，更沒有機會讓牠和別的公狗在一起，可是阿花就好像懷孕了一樣，整天顧著這個不起眼的玩具，不准別人碰。昨天，小鳳在整理家裡的時候，想把玩具拿去洗一洗，誰曉得，阿花衝過來咬了小鳳一口，小鳳很難過，有這麼嚴重到要咬我嗎？為什麼？

狗狗母親的攻擊行為是發生在懷孕或是假懷孕的時候，從字面上來看，一定是狗狗當母親的時候所產生的攻擊行為，無論是真的懷孕還是母狗的假性懷孕，都會發生。通常是發生在即將分娩或是分娩之後。

當母狗自己以為接受到威脅的時候，就算不是真正的威脅，只要牠認為是威脅，那就是威脅。這個時候牠就會盡全力的表現出攻擊的樣子，比如說牠可能會對著你咆哮、可能會一邊露出牙齒一邊低吼警告你，甚至於會狠狠地咬你一口，或是真正的攻擊你。

有時候你會發現，一旦你把牠的玩具拿走，牠就會衝上來咬你，這種狀況在假懷孕的狗狗是很常見的，對於你來說，你可能會覺得不可思議，而且你也可能不能認同，不過，在狗狗的眼中，這卻是一件很重要的事。

有這種攻擊行為的狗狗，牠們會保護自己的小孩或是玩具，也有的會兩個都保護，而保護小孩或是玩具的行為不會只限定在某一個特定的區域，牠們認定的距離是很長的，有時候在別的房間，或是隔壁的房子，只要牠們認定了，就算數的。距離的長短都不是問題，你會發現一個狀況，如果你慢慢的靠近牠要保護的狗狗或是玩具，牠就會對著你咆哮、或是露出牙齒低吼警告，或是狠狠地咬你一口。如果這時候你還是繼續逼近牠的話，有些狗狗就會把小孩或是玩具吃掉。當假懷孕的狀況結束後（有些會長達兩個月）或是小狗離乳以後，這些攻擊行為就會自然的消失不見了。

故事中的老王就是不知道這一點（母親的攻擊行為），才沒有去避免，狗狗這樣做是沒有錯的，當然不可以處罰牠，而劉阿姨以為自己的狗狗就不會怎樣，其實，當狀況不同的時候，特別是生了小孩以後，孩子對牠們來說是很重要的，所以不要以為是你養的狗就不會咬你，這種狀況是很難說的。當球球警告劉阿姨的時候，劉阿姨應該就要停止了，也因為劉阿姨的固執及堅持，使得球球活吞了自己的小孩。

小白的主人，對於狗狗了解太淺，連假懷孕都看不出來，還以為狗狗喜歡玩具而已，其實是因為假性懷孕而引起的反應（假性懷孕就是狗狗自以為自己已經懷孕了，生理上會出現和懷孕一模一樣的反應，比如說乳房腫脹，出現乳汁，肚子變得很大……只差在肚子裡沒有小孩，常常出現假性懷孕的狗狗最好是帶去結紮，因為這和卵巢的問題有很大的關係），所以以為主人要拿走牠的小孩，情急之下只好把小孩吃了。

雖然只是假性懷孕，阿花的心裡不這麼認為，牠已經把玩具當成小孩了，就算你是好意想把玩具拿去洗一洗，阿花不會這麼認為，牠只認為你是要搶走牠的小孩。

重點症狀提示：

1. 保護玩具、小孩、以及床單，避免人類或是其他的狗狗拿走。
2. 如果有小狗狗存在時，在離小狗狗很遠的地方前就會用聲音表達意見。
3. 如果把小狗狗拿走，通常會用聲音表達，但是也可能會咬你一口。
4. 如果持續的威脅牠，牠可能會把玩具或是小孩吃掉。
5. 會因為荷爾蒙的狀態而改變。

如果有這種問題怎麼辦?

如果你的狗狗有這樣的問題時，我們最好是不要管，隨牠去，因為最好的治療，就是讓時間、以及主人的學習來解決問題。

如果你要整理牠的床鋪，你可以利用帶牠出來散步的時候，也可利用這個時候來檢查牠的小孩，或是絨毛娃娃，如果你的狗狗表現得很好的時候，記得獎勵牠。

二、遊戲攻擊行為

Play Aggression

同學買了一隻黃金獵犬，兩個月，照著醫生書上的教法，很快什麼都學會了，也會自己乖乖的去廁所尿尿便便，可是就愛咬同學的手。

阿怪買了一隻米格魯，看起來超可愛的，阿怪就把牠取名為小米，雖然很多人喜歡這樣取，但是阿怪也想不到別的名字，再加上每次想到牠的臉就覺得小小的好可愛，兩點淺咖啡色的毛髮在眼睛上面，真是可愛呆了，所以還是取名為小米好了。每天放學下課回家，第一件事就是和小米玩，可是小米很粗魯，每次玩耍都要咬阿怪的手和腳，阿怪一邊罵一邊閃躲，小米就是樂此不疲，阿怪生氣的大聲罵小米，誰曉得，小米竟然用力咬了阿怪，咬到快要流血，這時候小米還翹著屁股搖著尾巴，對著阿怪又叫了兩聲。天哪，怎麼會有這樣子的狗？

肥肥是隻土狗，薇琦是在路上看到牠，那時候牠才不到一個月，是薇琦一點一滴拉拔大的，無論是餵奶、刺激牠尿尿便便，或是擦拭牠弄髒的屁股，薇琦一點怨言也沒有，肥肥越長越大，就在三個多月的時候，也不知道為什麼，肥肥每天都會拖著薇琦的褲腳，拉扯、吠叫、跳起來咬，如果薇琦站起來，肥肥就會跟著她，不管她要去哪裡，肥肥就會拖著她的褲腳，越咬越起勁。真不知道肥肥是怎麼了。

遊戲攻擊行為是在遊戲時發生的吠叫、低吼、或是咬的行為。很多人在養狗的過程中都有發生過這樣的狀況，而且往往都很困擾主人。有時候狗狗會發出低吼聲，而且會隨著狀況而變換聲音的大小以及頻率，這些狀況的起因是牠接受到的注意力，或是某些刺激增加的結果，也可能是你和牠的粗魯遊戲的結果。

狗狗一開始發生遊戲攻擊行為的時候，本來只是單純的一個事件，可是多數的主人一開始覺得好玩，當時狗狗都還很小，而且被狗狗咬又不太會痛，所以就任由狗狗咬下去，一旦狗狗越咬越用力的時候，你的反應，不管是尖叫、還是推牠、還是罵牠，對牠來說都是更多的關注，所以牠就開始改變聲音玩了起來，讓你看了卻越發的生氣。

有些人會跑給狗狗追，或是逃離狗狗的嘴，比如說把手移開或是跑走，但是看在狗狗的眼裡，這不就是遊戲的樣子嗎？你的這些反應會不當的鼓勵牠繼續咬下去。

還有些人喜歡用手玩狗狗的頭，或是玩推來推去的遊戲，這種粗魯的遊戲模式，會讓狗狗產生誤解，以為這是你喜歡的，就會持續這樣的攻擊行為。如果你仔細去聽，你會發現，牠發出的低吼聲會一直變化，因為這不是真正的攻擊，而是遊戲。遊戲攻擊行為會因為這樣的社交互動而被增強，導致未來真正的攻擊行為產生。

主人一定要學會分辨遊戲的攻擊行為與真正攻擊行為的差別，特別是在吼叫的聲音上，遊戲的攻擊行為的叫聲的頻率通常比較高，時間比較短，而且會一直重複，而真正的攻擊行為，吼叫聲的頻率是比較低的，而且時間是很長的。有時候並不會改變低吼的聲音，而只會改變聲音的高低。有些狗狗會變成真正的攻擊，但是你還是可以看到狗狗所展現出來的信號，真正的攻擊時，你可以看到狗狗脖子的毛髮豎立，或是耳朵呈現水平狀態，還有瞳孔可能也會變大。

有些狗狗因為沒有正確的社交行為，或是曾經被限制和其他狗狗正確的遊戲行為，使得這樣的狗狗一輩子都無法學會正確的遊戲方法。

有很多的遊戲攻擊行為，其實都是主人的行為所引起的，比如說有些主人喜歡這樣的遊戲方法，粗魯的遊戲並不是好玩的，主人可能只看到眼前的歡愉，卻沒看到這樣的行為會不經意而直接的鼓勵狗狗粗魯的遊戲模式。

故事中同學養的狗狗只有兩個月，正是牠們開始探索世界的時候

（詳見我的第四本書《貓狗大戰》），牠們多數是使用嘴巴來探索的，因為同學會常常使用手來和狗狗互動，比如說用手摸頭、用手拉扯狗狗、或是讓狗狗舔、或是啃咬自己的手，在狗狗來看，這是被允許的行為，而學習過程之中沒有和同伴一起透過遊戲建立，只有和人類在一起，而同學又不懂得如何讓狗狗知道這是不可以的，所以才會導致狗狗老是咬同學的手，因為牠以為這是遊戲的一個部分。

阿怪也是一樣的，換個角度想一想，用手和狗玩，和用手把狗推開，在狗狗的眼中看來，其實是一樣的，即使你配合了高量的聲音或是罵牠，這和狗狗玩耍的吠叫也是很像的，所以狗狗會誤以為這是你的遊戲方式。而小米的配合就很好了，因為看在小米的眼中，這是阿怪和小米間的遊戲模式。有些時候主人會生氣，可是狗狗還是以為那是遊戲，有時候就算阿怪打了小米，小米就算身體承受著疼痛，但是牠只會覺得這是主人的遊戲模式，牠會寧可承受疼痛來配合你的遊戲，一個粗魯的遊戲。

故事中的肥肥和薇琦也是一樣的，只是對象換成了薇琦的褲腳而已，在肥肥的眼裡，這個褲腳，會隨著遊戲起舞，牠的追逐，會讓這個褲腳移動，這和追逐獵物的快感是一樣，而薇琦的動作不但不代表拒絕遊戲，反而會一直不斷的加強肥肥的行為。整個看起來，你知道問題在哪裡？就在於人類不懂狗而養狗，不願意花一些時間去上課教育狗狗，寧可使用自己的方法來養狗，要等到問題出現時，才尋求解決的方法，人狗之間的誤解就這樣一直延續下去。

重點症狀提示：

1. 狗狗在和狗狗或是人類玩耍時，會出現吠叫、低吼、或是咬的行為；
2. 通常是發生在幼犬或是年輕狗狗身上；
3. 玩拉扯遊戲的時候會抓或是咬到你的手臂；
4. 沒有真正學習正確的遊戲方法；
5. 和狗狗遊戲時的吼叫聲是屬於真正的吼叫，而不是遊戲的低吼；
6. 會用牙齒咬人類的手、腳、或是衣服。

如果有這種問題怎麼辦？

要避免這樣的攻擊行為，就不可以和狗狗玩粗魯的遊戲。您只能運用玩具和狗狗玩耍，而且必須由你來掌控遊戲。如果你老是喜歡用手玩弄狗狗的頭，那只會讓狗狗對於玩耍的界限弄得不清不楚。所有的遊戲都必須由主人開始，也必須由主人結束，這樣才不會讓掌控權落到狗狗的身上。最重要的是，在遊戲的時候，你的狗狗必須要先學會坐下等待，然後你可以給牠一個口令，比如說Take it或是「拿去」！然後才開始遊戲，如果你要玩拉扯的遊戲也是可以的，但是無論是哪一種的遊戲方式，狗狗的嘴巴只可以碰到玩具，只要狗狗的嘴巴碰到你的手、手臂、或是腳，遊戲就必須終止，這是非常重要的，你的狗狗必須坐下來等待，然後重新開始。除此以外，你還要教導你的狗狗在你的要求下把玩具放下來（如Drop it或是「給我」，這方面建議飼主上課學習）。

如果你的狗狗把玩具叼了逃走，千萬不要去追，因為那只會導致牠認為是更好玩的官兵捉強盜遊戲，很多人是越追越氣，雖然不會產生攻擊行為，但是你卻會為了一個遊戲弄到自己生氣，得不償失。

最候，遊戲必須由你來決定什麼時候要停止，而且都是在你要求狗狗坐下或是趴下並且把玩具放下來的時候停止遊戲。

如果你的狗狗已經很嚴重了，來不及從頭教起，也千萬不可以打狗，因為這樣反而會引起更嚴重的遊戲攻擊行為。您應該運用獎勵的方式，注意牠的反應，在遊戲過程之中，如果牠的方式是對的，立即獎勵牠，只有不斷的鼓勵牠正確的遊戲行為，才能停止牠不當的遊戲模式。除此以外，你仍然要把坐下的口令教好，在遊戲之間，你也可以要求狗狗坐下，然後給牠獎勵，可以依照狗狗的狀況給予零食或是關注、或是撫摸、或是口頭讚美。您也可以使用 Gentle Leader Headcollar 來避免牠咬你的手，因為 Gentle Leader Headcollar 溫和有效、但是又可以不傷害狗狗的把牠的嘴巴合起來。

千萬不要因為你已經習慣使用處罰，就運用各種處罰的方式來避免這種問題，雖然有些處罰會有效果，但是同樣的，也可能會傷到你的狗狗，或是讓牠對你產生害怕，而失去工作的慾望，這樣的狗狗會讓你教起來很辛苦。

Gentle Leader Headcollar 溫和有效、又可以不傷害狗狗的把牠的嘴巴合起來。

三、恐懼攻擊行為

Fear Aggression

阿牛住在鄉下，從小就養狗，但是都是養流浪狗，任其自由活動，這些年流行養拉不拉多，看起來好帥，而且人家都說這是導盲犬，所以花了三萬多元買了一隻公的拉不拉多。原本以為這種狗就像電影演的一樣可愛，一樣穩定好教，所以也取名字叫做可魯。可是阿牛卻老是教不乖，阿牛想起以前的土狗小乖，隨便教教就會了，可是花了錢買了拉不拉多卻好難教。就這樣日子一天天的過了，這隻拉拉可魯也慢慢長大了，有一天，阿牛要可魯來的時候，可魯沒有理他，阿牛很生氣，走向前想要教訓可魯，這時候，可魯突然咬了阿牛，咬完以後就躲起來了。

阿牛不能接受，硬是把可魯拉出來狠狠地打，可魯一面哀嚎，一面反擊，在阿牛的眼中，看到一隻可怕的狗狗……

彗彗養了一隻美系的可卡犬取名為 Baby，耳朵很大，最可愛的就是這個耳朵，但是最麻煩的也是這個耳朵，因為牠的耳朵老是發炎。帶牠去看醫生，醫生都說耳朵發炎，要常常清耳朵，所以就拿著棉花棒幫 Baby 清耳朵，當場就讓彗彗嚇到了，因為真的很髒。彗彗回家以後如法炮製，每天三次，用棉花棒沾清耳液幫 Baby 清耳朵，可是這個耳朵老是不斷的復發，實在按耐不住了，彗彗換了一家醫院，這家醫院設備比較好，可以透過螢幕看到 Baby 的耳朵，在螢幕上看到 Baby 的耳朵一堆咖啡色又夾雜一點血液的耳垢，真是很噁心，又覺得 Baby 很可憐，醫生又開了清耳液和耳藥水，要彗彗繼續點藥，記得每次點藥前都要用棉花棒清理耳朵。回家以後，彗彗規規矩矩的每天照三餐清耳朵，才清不到幾天，有一天早上彗彗想要幫 Baby 清耳朵的時候，拿出了棉花棒，Baby 就逃走了，彗彗把 Baby 叫回來，輕輕的抓著 Baby，然後翻開牠的耳朵正要把棉花棒放進去的時候，Baby 轉過來咬了彗彗一口，然後一副無辜的樣子，彗彗想：我養你這麼久，你怎麼可以咬媽咪呢？！！

阿正養了一隻混種狗，叫小虎，阿正的觀念就是，不打不成器，小虎從小就是這樣子在拳打腳踢之下長大的。如果小虎在客廳尿尿或是便便了，阿正就會覺得很生氣。剛開始，阿正只會抓著小虎的頭去聞大便，慢慢的，阿正也懶得這樣做了，他會直接走到大便前面去清理，然後小虎就會趁著這個時候鑽到陽台外面去，等到阿正清理完以後，就會去陽台揍小虎。有時候阿正會想辦法叫小虎來，等到小虎來了才揍他，後來小虎再也不來了，阿正就換了方式，故意要去冰箱附近拿零食，小虎覺得有零食可以吃，就衝去冰箱旁邊等，這時候阿正就會立刻抓住小虎，使勁的打，如果你看到阿正猙獰的臉，你無法想像平時的阿正是這麼的溫和。小虎被打到屁滾尿流，阿正更生氣，心裡又覺得，叫你來你不來！拿吃的你才來！不要臉的東西，賤！小虎的日子不是外人可以想像的。有一天，問題再度重現，阿正把小虎逼到角落去，正想要抓小虎的時候，小虎開始發狂的攻擊阿正，阿正被咬傷，皮也破了，肉也被小虎的犬齒插進大概零點五公分深，一隻手上除了撕裂傷以外，還有四個大洞，阿正去醫院縫完傷口包紮回家，小虎一看到阿正進門，就躲到角落去，阿正往小虎的身邊走過去，小虎開始露出猙獰的犬齒，發出低吼，準備要攻擊阿正……

其實說了這麼多的攻擊行為，不外乎是低吼、露牙警告，狠咬、或是狂咬……。無論是哪一種攻擊行為，或多或少都會出現這些樣子，否則就不叫攻擊行為了，不過，我還是會詳細的說明，因為還是有很多白目的主人看不懂狗狗攻擊的樣子而被咬。

從字面上來看，恐懼攻擊行為就是因為害怕、恐懼而產生的攻擊行為。在我醫院的臨床病例中，恐懼攻擊行為來看診的比例是攻擊行為中的第一名，但是實際上應該是君王地位的攻擊行為是第一名才對，不過，多數願意花時間花錢來看的，還是恐懼攻擊行為。這點可能和台灣的民風有關。

恐懼攻擊行為要發生時，狗狗會先低吼、狠咬一口、並且會嘗試逃離現場。如果威脅一直存在的話，狗狗無路可逃，就可能會因為害怕而尿尿、便便、或是排放出帶有魷魚腥臭味道的肛門腺液。身體的姿勢也會逐漸的放低，耳朵會往後傾倒，尾巴會夾在兩腿之間，背毛會豎立，還會皺鼻子，也會吐舌頭，先水平伸出去然後垂直的收縮舌頭（有點像在舔空氣）。這些都是害怕的表現，一旦你看到狗狗出現這樣的表現時，千萬不要再逼牠了，不然，真正的攻擊就會開始了。任何動物都一樣，攻擊是最後的選擇，所以你只要不再逼牠，牠是不會直接攻擊的。

恐懼攻擊行為的發生當然是因為狗狗害怕了，你不需要去檢查牠在怕什麼，有時候你根本看不出來。總之，只有在狗狗受到驚嚇了，或是害怕了，無論有沒有明顯的事件引起，對狗狗來說，牠是真的害怕了。

如果一隻狗狗走在馬路上，卻會害怕路人，這是不正常的。如果你看到牠開始低吼，也就表示說牠害怕這個人，甚至於這個人什麼也沒有做。不需要去想為什麼?因為你想不透的。重點是，牠害怕。

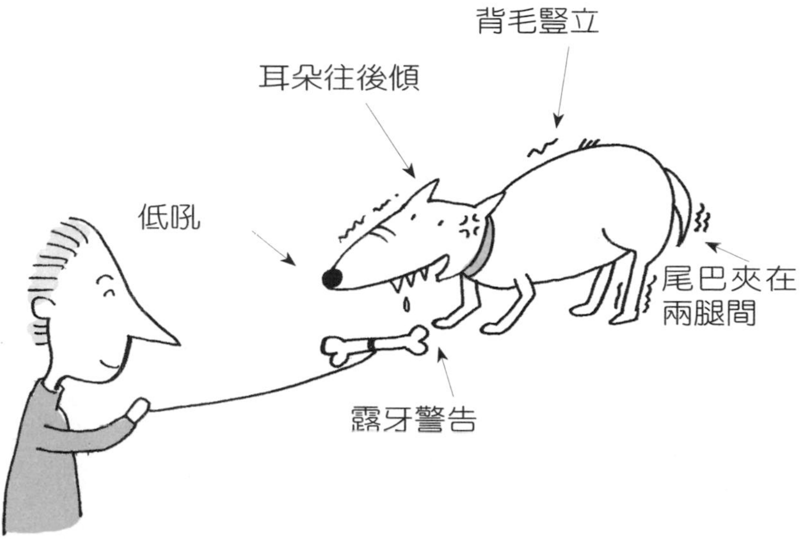
背毛豎立
耳朵往後傾
低吼
尾巴夾在
兩腿間
露牙警告

恐懼攻擊行為的狗狗

有些狀況，比如說狗狗常常打針，所以牠會害怕醫生，或是有些狗狗常常被帶去醫院治療，而治療卻會讓狗狗疼痛或是不舒服，比如說錯誤的挖耳朵，很多醫生到現在還堅持一定要挖耳朵，而主人竟然也認同這項不人道的動作，看看狗狗的反應，耳朵有多痛你知道嗎？想想你自己，如果也接受一樣的治療，每天去醫院讓醫生蹂躪你的耳朵，你會不會怕？

這類會引起疼痛的治療，幾次之後，狗狗就會在醫生要靠近的時候，產生恐懼攻擊行為。運氣好一點的狗狗，碰到膽小的醫生，可能會被麻醉處理，或是拒絕處理，運氣不好的狗狗，又會被主人或是醫生揍幾拳或是被海扁。恐懼攻擊行為就會越來越強烈。

同樣的，不正確的處罰動物也會引發恐懼攻擊行為，虐待動物更會引起攻擊行為，有一個很重要的觀念，被虐待的動物，牠們會學會「要害怕」。雖然恐懼攻擊行為是一個不正確的行為反應，但是這畢竟是牠們經歷過後所學會的反應。

一個會虐待動物的人，很可能會虐待小孩，而一個被虐待的小孩，將來就可能會虐待動物。

故事中阿牛養的可魯，在咬完阿牛以後就躲起來，這也就表示阿牛曾經不只一次的體罰或是虐待可魯，導致可魯在無處可逃的情況下，也就是沒有選擇餘地的情況下採取攻擊以自保的行為，所以才會在咬完以後躲起來，然而阿牛又把可魯拖出來狠狠的打，對於本性溫良的拉不拉多犬可魯來說，這是一件更加可怕的事，這個時候，牠只能選擇攻擊人類。

會虐待動物的人，
很可能會虐待小孩，
小孩長大就可能會虐待動物。

而Baby的故事其實很簡單，只是因為不正確的清潔外耳的行為，造成Baby對棉花棒的恐懼，任何人想要使用棉花棒來處理牠的耳朵時，Baby一定會反過來咬人，因為換了是人類，也沒有人願意被醫生或是別人用這樣的方式處理耳朵的問題。彗彗的問題只是在於不知道狗狗會這麼的痛，再加上人類的自以為是，總以為自己養的狗狗無論在任何情況下都不能咬主人，話雖沒錯，但是如果你希望你的狗狗無論如何都不使用攻擊的方式來反應的話，你應該帶牠去上課。

阿正的故事，是存在於社會中的真人真事，也是真實的事件記錄，在整個過程之中，小虎因為不知道阿正要的是什麼，而阿正又自以為自己的教法是對的，所以一直以來都用處罰的方式對待小虎，其實這已經不是處罰了，這已經是虐待了。你可以看到當阿正回來以後，小虎會先躲到陽台，這就表示原本阿正回來以後會先處罰小虎，慢慢的小虎發覺一個定律，就是先躲起來才安全，事實上也是，因為當阿正回來以後，小虎躲到陽台，阿正不會處罰小虎，會去處理大便，所以一次一次的經驗累積，小虎就會先躲到陽台。可是之後阿正會叫小虎來到面前，剛開始小虎會上當，但是幾次之後，小虎就知道了，每次來都是被揍，所以阿正再也叫不動小虎。因為阿正也會給小虎零食，而且零食都是放在冰箱旁邊，對於小虎來說，以前的經驗告訴牠，去冰箱前面幾乎都是好事，所以當阿正回到冰箱前面的時候，小虎會飛奔到阿正旁邊，因為牠認為好事即將來臨，但是小虎萬萬沒有想到這是阿正的陰謀。從這一點也可以證明小虎根本不知道自己有錯，會躲起來純粹是因為害怕主人，在牠的心目中，阿正是可怕的。

你要知道，小虎好不容易相信阿正在冰箱附近是不會揍牠的，可是這樣的信任，就在阿正的狡猾陰謀之中毀滅了，多次的經驗累積以後，小虎不再相信阿正，也甚至於不再相信人類，牠只相信自己的牙齒了，這也就是後來阿正會看到小虎猙獰的面孔的緣故。想一想，當這種景象出現的時候，阿正對朋友說的會是什麼？會承認自己錯得離譜嗎？通常是不會的，通常都是數落動物的不是。真正的罪人是誰？是阿正，不是小虎。社會上這樣的問題充斥著，只見到人類在螢光幕前捕捉傷害人類的動物兇手，卻不知道這隻動物早已被人類傷害到體無完膚，才會採取動物的最後一道防線，就是攻擊。在人類決定動物的罪行之前，是否去追查傷害牠的人是誰？到底誰才是真正的兇手呢？

重點症狀提示：

1. 狗狗後退時，會出現低吼或是咬的行為；
2. 被咬的可能是狗也可能是人類；
3. 不當的處罰也會引發這種攻擊行為；
4. 狗狗會變得很懦弱的樣子，尋找逃離的方法；
5. 如果你把這樣的狗狗逼到角落是很危險的；
6. 可能會從你後面偷襲，然後再逃走；
7. 在攻擊期間以及攻擊之後，狗狗可能會出現發抖的樣子；
8. 對於會疼痛的治療也會引發這種攻擊行為；
9. 虐待動物也會導致這種攻擊行為。

如果有這種問題怎麼辦？

很多人不知道的一個現象，如果你的狗狗有恐懼攻擊行為，每一次碰到令他害怕的事情而引發牠攻擊的時候，不但同時讓牠的恐懼增加了，同時也加重了牠的恐懼攻擊行為。如果你的狗狗有恐懼攻擊行為，千萬不可以處罰牠，因為牠會變得更害怕、變得更嚴重，而且在沒有辦法選擇下，牠只好攻擊你了。這種狗狗在面對恐懼的時候，你千萬不可以說「不要怕、沒關係」，或是拍拍牠的頭，因為你的口中雖然說著沒關係，手好像在安撫你的狗狗，可是實際上，你是在加強牠不當的行為。

如果把文字去除來看，去掉「不要怕」或是「沒關係」的文字，你是用溫和的語氣對待牠，這無異於鼓勵牠當時正在做的事情，而牠當時的反應正好是「恐懼」，所以你就會不當的鼓勵了牠恐懼時的反應。而摸摸牠也是一樣的道理。

在處理這類問題時，你要分兩個步驟，第一個步驟是需要先學會坐下、趴下、以及放鬆，這可以透過課程來學習，或是參考《貓狗大戰》這本書。你先要讓你的狗狗在你面前坐下、或是趴下，然後放鬆，最重要的是，你要好像對著一個不存在的人講話，聲音可以忽大忽小，讓牠逐漸的適應及習慣，有時候你也要走來走去，不要一直在原地不動，有時候要離開房間一下，然後再回來。在這些過程之中，牠如果表現得很好，呈現放鬆的樣子時，你就要給牠零食作為獎勵，反覆做到你的狗狗在一個安定的環境中，可以自在的隨時放鬆，並且依照你的指示坐下或是趴下。

完成上述的動作之後，你才可以進入第二步驟，而第二步驟是行為矯正，這方面你必須透過專家的協助，運用洪水法（Flooding）以及反制約（Counterconditioning）的方法，讓牠去除對恐懼事物的敏感，在此不多做詳述。在藥物的使用上，有不少的狗狗配合抗焦慮藥物會有很好的反應的。

【註解一】洪水法（Flooding）：這是運用讓動物接觸大量的刺激物，讓動物放棄原本的反應，對動物來說，這比一般所謂的去除敏感的方法更緊迫，而且方法是剛好相反的。所以必須在專人的協助下執行，不然很容易導致動物的傷害。

【註解二】反制約（Counterconditioning）：是一種運用在動物行為治療的一種方法，也運用在人類的恐懼症的處理，藉由教導動物在面對某些刺激時去做另外一件事，來取代原本的行為。因此當動物害怕時，牠的反應不是用害怕的方式來反應，而是使用其他的行為來反應。

四、疼痛攻擊行為

Pain Aggression

婉貞是流浪動物的義工，她常常在路邊救回流浪動物，然後帶去醫院治療，再轉送別人，把自己家當成動物的中途之家。這一天婉貞在路上看到一隻被車撞上的狗狗，腳好像斷了，婉貞想趕快救牠，從車上拿出一個大箱子，想把這隻狗狗裝在箱子裡，然後送醫。可是正當婉貞扶起這隻受傷的狗狗時，這隻已經無法行走的狗狗卻對著婉貞一陣狂咬，這時候真不知道是誰應該先去醫院！

小安養了一隻三個多月大的黃金獵犬，基於想要讓狗狗交朋友的原理，小安常常帶這這隻狗狗瑪利去參加所謂的狗聚，到台北的河濱公園

好心為何被狗咬……

和一大群的狗狗玩在一起，看著牠們在草地上飛奔，真的覺得這樣的決定是對的。三次順利的聚會之後，第四次瑪利卻和一隻狗狗打了起來，那是一隻黑色的拉不拉多，瑪利身上被咬了好幾個傷口，送去醫院縫合，經過了好久才把傷口照顧好。

瑪利漸漸的長大了，除了小時候那次的傷害以外，倒也平安無事。現在瑪利已經一歲半了，小安有了新的困擾，小安帶著瑪利去散步，瑪利只要看到外面的狗就會想要衝出去咬，如果不讓牠去，牠就一直叫。後來發現，牠都是對黑色的狗狗才會這樣，為什麼？

阿凱從小就喜歡馬，也喜歡玩騎馬打仗的遊戲，長大以後沒有地方可以養馬，所以就養了一隻大白熊雪莉，因為看起來體型很健壯，時間總是不停歇的從人的指間流去，轉眼雪莉也已經四歲了，而阿凱有了小孩，從此阿凱的時間總是大部分給了小孩，很難得會給雪莉，阿凱也知道這樣不好，但是知道和去做總是兩件不同的事，時間又過了三年，雪莉已經七歲了，阿凱的小孩也三歲了，有一天阿凱突發奇想，想說雪莉這麼大隻，讓小孩騎在牠的身上一定很有趣，於是就把小孩放在雪莉的背上，誰知道雪莉竟然反過來咬小孩，還好沒有咬到，阿凱立即把小孩抱了起來，心裡想著，難道是雪莉吃醋了嗎？

狗狗在發生疼痛時的反應，有的可能會很正確而適當，但是也有很多會不正確或是不適當。如果你在狗狗受傷的時候去搬動牠，牠可能會因為疼痛而產生反應，通常會低吼、或是輕咬、或是真正的咬下去。或許牠會先警告你，但是千萬不要以為沒有警告就不會咬你。

如果狗狗的疼痛是很劇烈的，比如說骨頭斷了，牠唯一能做的就是用力咬你，所以在醫院裡，醫生最容易被咬的時候，就是面對一隻骨折的或是急診的狗狗，因為牠實在是太痛了。

這種和因為怕你用棉花棒挖耳朵是不一樣的，用棉花棒是因為累積的經驗，讓牠害怕了，而這種疼痛反應，卻是劇烈疼痛下的神經反射。

有時候你可不要因為狗狗咬了你，你就認為牠很壞，看看原因到底是什麼？有時候狗狗也會因為關節炎的疼痛而產生攻擊行為。有時候小孩子不知道，因為好玩而坐在狗狗的背上，或是推狗狗的肩膀，如果這隻狗狗有關節炎，或是有關節發育不全的問題（如髖關節發育不全（Hip Dysplasia）），狗狗會因為這樣的動作而感到疼痛，所以就會直覺反射的咬你。

還有些時候，狗狗打架受了傷，尤其是撕裂傷、或是穿孔性的傷害，受到這種傷害的狗狗會產生經驗的學習，學會了害怕，因而產生了恐懼攻擊行為，結果呈現出來的卻是疼痛的攻擊行為。這類打架受傷的狗狗，會用舉一反三的理論，其實是錯的，但是基於「寧可錯殺一百，不可放過一個」的心理，狗狗會一概而論的對於其他的狗狗，產生害怕、甚至於恐懼攻擊的行為。有的會一概針對大型犬，或是一概針對某種顏色的狗狗產生攻擊行為。

疼痛攻擊行為，無論是真的咬下去了，還是只是輕輕的碰到人的手，都是不對的。「咬」這個行為，在人類世界的狗狗來說，應該是互動中最後的選擇，不是第一選擇。

故事中的婉貞要救一隻車禍的狗狗，而狗狗的後腿不能行動，這也表示牠可能有骨折的問題，而在搬運骨折狗狗的過程中，可能會造成狗狗突然的劇烈疼痛，進而對疼痛位置附近最接近的人，產生攻擊行為，目的只是希望你不要弄痛牠。

而小安養的瑪利，因為狗聚的受傷，讓牠對於某一特定品種或是顏色的狗狗產生害怕，所以以後只要碰到類似的狗狗，牠就會產生攻擊行為，如果你擋著不讓牠達成攻擊，牠就會用吠叫來表示，希望驅逐這隻狗狗。事實上，牠的經驗累積都是對的，因為牠的吠叫，最終也會讓那隻狗狗消失，即使是主人把狗牽走而不是狗狗逃走也一樣，牠們的腦袋，只有這一點點能耐，這種誤解，造就了牠不斷的吠叫行為。

狗聚已經被民眾不當的運用，造就了不少攻擊行為的狗狗，建議飼主在狗聚之前，慎選狗聚的對象，不要隨意參加這種聚會，並非大家都是負責任的主人，如果你能夠去上行為課程，你可以認識很多懂得處理狀況的飼主，這些飼主會比較負責，畢竟受過養狗必備的行為教育之後，這樣教出來的狗狗，比較不會有聚會時的攻擊行為。只和良好行為的狗狗聚會，就好像去幼稚園上學一樣；可是不挑選對象，就好像參加幫派聚會，有時候，那反而成為罪犯形成的溫床。

阿凱養的雪莉，因為是大白熊，體型很大，會讓人誤以為可以像馬一樣，讓小孩子騎乘。基本上，這樣的重量雖然不是太過於重，但是狗狗不是馬，所以一定會坐下來，不會乖乖的讓人類騎乘，而因為牠已經年老，關節出現退化的問題，所以早就不能承受重力，阿凱並不知道，以為狗狗看起來好好的就是沒事，殊不知牠早已經有嚴重的退化性關節炎了，小朋友這樣一坐上去，疼痛的反應讓牠轉而咬小朋友。這不是吃醋，就只是因為疼痛的關係。

Go~

重點症狀提示：

1. 這種疼痛攻擊行為會逐漸轉變成為恐懼攻擊行為；
2. 狗狗在攻擊時通常不會退後，只是運用牠的嘴咬你的手，阻止你造成牠的疼痛；
3. 在粗魯的遊戲中也可能會發生；
4. 通常在人類在碰觸狗狗的時候產生；
5. 也會在狗狗學會的經驗中，發覺你要做的事可能會讓牠疼痛時產生攻擊行為。

如果有這種問題怎麼辦？

如果這種疼痛的攻擊行為是和需要藥物治療有關的疾病的時候，應該要看醫生，給予止痛藥來處理，沒有辦法避免。有些人會使用口罩，但是那樣並不能抑制攻擊行為，只能夠避免人受傷而已，而 Gentle Leader Headcollar 可以改變這類的問題，因為運用 Gentle Leader Headcollar 可以教導狗狗在面對疼痛時，表現其他正確的反應，而不是咬人。

虐待動物也會造成疼痛攻擊行為，狗狗會先產生疼痛攻擊行為然後再轉為恐懼攻擊行為。

如果你的家裡有一隻有關節炎的老狗，同時又有小朋友存在時，您應該要做行為矯正（須透過專家協助），讓狗狗學習如何在面對小孩子的時候學會放鬆，同時也要教導小朋友如何溫和的和這隻狗狗相處及接觸。記得，永遠都不可以把小孩子和狗狗單獨留在家裡面。

五、六：領土及防衛的攻擊行為
Territorial and Protective Aggression

陳董，名副其實的董事長，只喜歡白色博美狗，不是因為可不可愛，而是因為白博美的身價，為了彰顯自己的身分地位，他花了十五萬元買了一隻白博美。老天爺是公平的，因為只要有人經過陳董家門口，這隻白博美就叫個不停，有人按電鈴也是叫個不停，一定要叫到陌生人離開為止，雖然狗買得很昂貴，但是行為卻一點也不高貴……

平平從小在眷村長大，眷村最可愛的事情，就是大家都互相認識，包括王伯伯養的狗狗，或是羅媽媽養的貓咪。平平家裡也養了一隻雜種狗，就是王伯伯的狗狗生下來的小狗，然後送給平平家裡養的，也因為是眷村，所以狗狗都是可以隨意進出家門的。

最令人困擾的，就是平平的小狗小白，牠不認識郵差、也不認識送瓦斯的，更不認識隔壁巷子黃阿姨的媳婦，因為只要這些人經過，小白就追出去，一直追到眷村外，或是追到黃阿姨的媳婦跑回家為止。本來他也不以為意，還覺得會看家的狗真好，直到黃阿姨來抗議，因為她的媳婦懷孕了，萬一被狗狗追到受傷或是流產，那該怎麼辦？這時候，平平才覺得事態嚴重，但是該怎麼辦呢？

淑芬在路邊撿到一隻流浪狗，竟然是迷你雪那瑞，剛開始第一天，因為沒有買飼料，所以淑芬就拿包子給他吃，後來才知道這樣是不好的，不過就幫他取名為包子。包子看起來大智若愚，好像聰明又好像笨笨的，最怪的是在吃飯或是喝水的時候，如果淑芬靠近包子，包子就會生氣，甚至於咬淑芬。可是如果包子在客廳的時候，就算淑芬去拿包子的碗，包子也無所謂，怎麼差這麼多？

達達住在院子裡，不管有誰經過，牠都會叫，主人不以為意，因為，主人想讓牠看家。同樣的阿旺也是住在院子裡，不管有誰經過，牠也都會叫，但是主人卻覺得很煩很困擾，因為他不想要鄰居抗議，這下該怎麼辦呢？同樣的場景，卻有不一樣的心情，為何？……

文龍帶著一歲半的米格魯母狗「魯魯」到一個離家比較遠的公園散步，正巧遇到自己的好朋友定安也帶著狗狗在公園散步，文龍放開牽繩，想讓牠的魯魯和定安的拉拉芭比一起玩，可是魯魯對芭比卻不太理睬，自顧自的在地上東聞西聞。因為很久沒有和定安碰到面了，於是文龍在放開魯魯以後，就走向定安，定安也是在放開芭比之後走向文龍，彼此因為久沒見面，所以感覺特別親切，就在兩人靠近想要握手的同時，文龍的魯魯立刻衝過來，擋在文龍和定安之間，非常兇的又吠又露牙，想要咬文龍的朋友定安。文龍想，魯魯平時蠻乖的，應該不會怎樣，於是就命令魯魯坐下，然後伸出手要和定安寒暄，誰曉得這時候，魯魯狠狠地攻擊定安的小腿，褲子都被咬破了，文龍覺得很丟臉，趕緊拉住魯魯，連忙向定安賠不是。定安雖然沒有生氣，還說魯魯真忠心，會保護主人，真聰明。但是在文龍的心裡總覺得這是不對的，為什麼平時和樂的魯魯會攻擊自己的好朋友呢？

要怎麼解說這種形態的攻擊行為呢？一般來說，大部分的主人大概都了解是什麼了，因為大家都知道狗狗追郵差的故事，不過，嚴格來說，您還是要知道什麼是領土的攻擊行為。所有的狗狗都有某種程度的領域性，而領土這樣東西，在狗狗的心中是很容易變的，領土可以是浮動的，隨時可以更改更換的，領土也可能是暫時的，也可以是一段時間的，也可以是永久的。

當牠要開始保護牠認定的領土時，就會產生所謂的領土保衛的攻擊行為。這種攻擊行為的對象可能只是其他的人類、或只是狗狗、或只是其他的小動物、也可以是這些的綜合，也就是不管是人類或是狗狗，都是牠保護領土時所要攻擊的對象。

也因為牠自己定義了這樣的領土，所以存在這個領土裡的東西，就很可能被牠認定為牠的財產。如果狗狗開始閒逛，牠的領土會隨著牠的閒逛而繼續擴張。

敢侵入我的領土！受死吧！

也因為這種自由心證的行為，所以有時候你會發現狗狗的領土只限於牠睡覺地方的周圍，但是有些卻還會把車子當成領土，只要你靠近，牠就狂吠爛咬，就是要驅逐對方。有些狗狗是用鐵鍊鍊住的，牠就會把牠可以到達的範圍都列為領土，這也就是為什麼你去加油的時候，你的狗狗會在車子裡面對著外面加油的工讀生吠叫，因為牠把車子認定為牠的領土了。

最明顯的領土保護攻擊行為，就是狗狗在院子裡，然後有路人或是狗狗經過，或是在家裡面，有人來家裡，按電鈴或敲門，這時候狗狗就會吠叫，不但可以宣告領土，還可以警告外來者。這是第一步，真正的問題是，當主人要求狗狗停止吠叫的時候，狗狗不但不願意停止，還會對著外來的人或是狗狗產生防衛性的攻擊行為，不讓別人進入牠的領域之內。

想知道你的狗狗是不是屬於領土保護的攻擊行為?最簡單的方法，就是將牠帶離牠自己的領土，牠就不會對原來的入侵者產生攻擊行為。舉例來說，如果有一隻狗狗會保護自己的碗，可是當牠躺在客廳的時候，你去動牠的碗，牠卻沒有任何攻擊行為或是反應出現，這就是屬於領土保護的攻擊行為。

然而原本要寫在第六種的Protective Aggression（防衛性攻擊行為），我為什麼要放在這裡呢?因為兩者是有關連性的。防衛性攻擊行為通常是指：當狗狗以為主人受到威脅時所產生的攻擊行為，但是實際上主人並沒有真正的被威脅。最常看到的就是，當狗狗和主人坐在車內，狗狗認定車子為牠的領土範圍，這時候如果有一個人走向車子，而這個人可能只是和你打打招呼，並沒有惡意，也不會對你產生威脅，可是狗狗不這麼認為，牠認為這個人會對你產生威脅，所以牠就會跑出來，站在你和陌生人的中間，背部對著你，然對面對著這個人產生攻擊行為。這就是所謂的防衛性攻擊行為。

正常的狗狗，會先觀察來和你說話的人的樣子、動作、或是行為模式，然後再決定要不要對這個人產生什麼樣的反應。可是有防衛性攻擊行為的狗狗，牠是根本都不管的，也不會先觀察，只要對方突然提高聲調，或是有比較大的動作，也許只是拿出香煙，或是和你握手，牠都認為這個人會威脅到你，所以就會挺身而出，真是一副有義氣的樣子，不過，這是不正確的行為，不值得鼓勵。雖然我知道有很多人喜歡狗狗來保護自己，說實話，如果是真正的入侵者或是威脅者，你的狗可能已經死了，求牠還不如自己慎選朋友。

如果你堅持要狗狗來保護你，還不如訓練牠在口令下攻擊，因為最少牠不會害怕。不過我建議你，養的是寵物，不是養一隻殺人犬。也不要養一隻狗來幫你擋子彈。生命是平等的。

故事中的陳董，因為他要的不是一隻寵物，而是一隻用來炫耀的動物，沒有好好的教導，讓這隻狗狗很快的就因為陳董自以為是的寵愛方式，而表現出不可一世的樣子，領土的問題就很容易浮現出來，而牠把家裡劃分成為牠的領土範圍，所以對於外來入侵的人、事、物，都會想辦法驅逐，而牠的方法就是吠叫，這個方法很有效，每一次都可以達到目的，因為最後不管是什麼原因，入侵者一定會離開，白博美會自以為任務完成，這樣的結果又會加強了牠的吠叫行為，而這種領土保護的攻擊行為就無止盡的延伸下去了。

平平養的小白也是一樣，每一次的追逐，都等於一次的成功，每天累積成功，會讓牠不停的做下去。很多人很喜歡狗狗這樣的行為，因為這在人類的心裡，代表著會看家，可是在被追趕的郵差先生、送瓦斯的人、或是甚至於你的鄰居來說，這是一件很可怕又危險的事，這也是為什麼有很多人不喜歡狗的原因之一。做為狗狗的主人的您，請不要認為這樣是好事，因為領土的保護雖然是正常的，但是也不可以干涉到其他人的生活。

淑芬養的包子，因為把碗當成牠的領土，所以當包子在在碗附近的時候，如果你去動牠的碗，牠一定會起來攻擊你，輕一點的只會發出怒吼聲來警告你，可是當牠到了客廳以後，領土已經不存在了，所以碗就不再屬於牠的領土了，這時候你去動牠的碗就不會有事，從這些角度就知道，包子只是單純的領土保護的攻擊行為。

達達和阿旺兩隻狗狗都是領土保護的攻擊行為，可是在主人眼裡卻是不一樣的，為什麼？因為人的不同，環境的不同，想法的不同，所以對於這樣的行為的解讀自然不同了。一旦你的狗狗有這樣的問題時，不要用你自己的方法來解讀，接受別人的建議及看法，才是最好的方法。

文龍養的魯魯，看在一些人的眼中，真是一隻好狗，因為會保護主人。可是，事實上，這隻魯魯只不過是一隻搞不清狀況的狗狗，正常的狗狗會察言觀色，會知道那是文龍的朋友，但是魯魯卻完全搞不清楚狀況，把文龍的朋友當成敵人來攻擊。

如果你養的是這樣的狗狗，千萬不要高興，因為牠雖然可以保護你，但是相同的，你的朋友、或是鄰居的小孩、或是自己的家人或是親戚，都會成為牠牙齒下的受害者，你的生活其實是充滿著危險的，因為你要隨時準備道歉或是賠錢。

領土保護重點症狀提示：

1. 這種攻擊行為所保護的可以是房子，也可以是車子；
2. 無論誰在現場都一樣；
3. 領土不存在的時候，攻擊就不存在；
4. 把這種狗狗限制在某一個範圍，反而會加重這種攻擊行為；
5. 有這種攻擊行為的狗狗可能會有君王地位的攻擊行為。

防衛性攻擊的重點症狀提示：

1. 防衛的對象可能是人也可能是狗狗；
2. 被保護的通常是人類；
3. 被保護的人不在的時候，就不會有攻擊行為；
4. 會站在被保護的人以及要防衛的人或動物的中間。

如果有這種問題怎麼辦？

有這種問題的狗狗時，千萬不要讓牠自己外出，不要關在小小的籠子裡，也不要用圍籬把牠圍起來，因為這樣會讓牠的領土更清楚，更容易有領土保護的攻擊行為。因為你無法預測牠的領土在哪裡，所以牠很有可能會對任何人產生攻擊行為，也就是說有這樣問題的狗狗時，您一定要用牽繩牽著牠外出，更不要讓牠自己跑出去。

有些人會讓狗狗戴上電項圈，或是無線電項圈，讓牠固定在一個無線電波的範圍內，可是這樣的方式，卻反而會導致更嚴重的攻擊行為，而且陌生人更容易侵入牠的領土（因為看不到牠的領土範圍），所以奉勸各位不要使用。

面對領土保護的攻擊行為，您必須學會如何避免，因為有這種問題的狗狗，如果你把牠限制在一個範圍裡，牠的領土就會更確認，攻擊就會更強烈。

真正的處理方式也是要分為兩個階段：第一個階段，無論在任何狀況下，只要牠會對來到你家裡或是附近的人產生攻擊行為，這種攻擊包含吠叫、或是低吼、或是咬、或是直接的攻擊，你就要在朋友來家裡的時候，把牠帶到別的房間裡，或是關在籠子裡。如果你可以事先知道朋友什麼時候會來，你可以先把牠帶離開或是關著，不然牠慢慢會誤以為你的朋友是造成牠被關的原因。

而在朋友來的時候，你的狗狗要學會在籠子裡面穩定、安靜、以及可以讓你透過溫和的語氣來控制牠的行為，這一部分，你可能還是要透過行為課程來達成。記得！最重要的是，當牠表現良好行為的時候，你可以給牠零食當作獎勵。千萬要注意給零食的時間，不要不小心反而獎勵到牠的攻擊行為。

這樣的矯正，一直要做到你的狗狗面對這樣的狀況時，可以正確的反應得很好了，你才能進入第二階段。

當你完成第一階段以後，就要進入第二階段了，但是要注意一點，第一階段的完成，必須要你的狗面對牠所有認識的人都不會有反應的時候，才算完成。除了領土的攻擊以外，還包括保護的攻擊行為也一樣，這些都沒有問題了，才真正進入第二階段的行為矯正。

第二階段的行為矯正必須讓你的狗狗開始接觸以前曾經攻擊過的對象，有些嚴重的問題，還要配合焦慮藥物的使用。同樣的，您還是要配合使用Gentle Leader Headcollar，因為牠不但可以讓狗狗學會如何放棄不正確的行為，而且還可以避免陌生人被咬傷。但是這些還是需要在專家的協助下來達成。

七、狗與狗之間的攻擊行為

Interdog Aggression

玉芬的爸爸從朋友那裡領養了一隻中大型的混種狗，因為從小看起來就圓圓的，所以就叫牠雪球。雪球是一隻母狗，從小就很得人緣，玉芬很注重狗狗的社會行為，完全按照書本來養，儘可能的配合書上寫的社會化過程，也儘可能的讓雪球接觸不同的人、不同的事、以及不同的動物，更小心翼翼的，希望雪球的成長過程中，不要因為受到傷害而導致陰影的產生。

可是，玉芬慢慢的發現，雪球長大以後，每次去狗聚，常常會對陌生的狗狗產生攻擊行為，可是對於認識的狗狗就不會有攻擊的行為，別人的狗狗又沒有對牠做出什麼？不管在哪個場合，就算是到別人的地盤，牠也一樣會咬別人家的狗狗，可是對於熟悉的狗狗，就算來到自己家裡，雪球永遠是歡迎的，這讓玉芬很困擾，為什麼？為什麼我這麼小心努力的照顧牠，牠還是會有攻擊行為呢？牠從來沒有受過傷害，也沒有被別的狗咬過，從小和同胎的小狗一起長大，狗媽媽也沒有兇過牠們，可是為什麼牠卻常常要咬別人的狗狗呢？為什麼？

Joyce 養了一隻馬爾濟斯犬叫做球球，這一養就是八年多，最近因為電視上常常在演導盲犬的故事，所以 Joyce 也跟著流行養了一隻拉不拉多犬，取名為皮皮，一方面 Joyce 覺得球球老了，活動力減退，希望有一隻狗狗來陪牠，另外一方面，這是讓自己再養一隻狗狗最好的藉口，皮皮就是在這樣的情況下來到 Joyce 的家中。剛來的時候，全家人真是高興得不得了，因為那種可愛的模樣，讓人有種愛不釋手的感覺。

皮皮剛來的時候，因為是小狗，都喜歡找球球，可是球球卻表現出不喜歡皮皮的樣子，大家都覺得是因為皮皮的動作太粗魯了，也不以為意，有時候還想，可能慢慢相處久了，知道彼此是一家人就不會這樣了。可是日子一天天的過了，問題不但沒有得到解決，還越演越烈，球球和皮皮正式槓上了，兩個打了起來。論體型，皮皮比較大，當然是佔優勢，可是球球卻招招是狠招，也把皮皮的身上咬了一個小洞，Joyce 在一聽到打架的聲音的時候，第一時間就把這兩隻狗分開來，還罵了兩隻狗。只看到兩隻狗狗的眼神中充滿著不悅的表情。

問題不是這樣就結束了，問題從此開始不斷，每天都要打上幾回，Joyce 對兩隻狗的處罰與責罵越來越強烈，現在，兩隻狗狗表面上和平共處，但是實際上，只要 Joyce 一離開家，這兩隻狗就會打起來，已經到了不能一起生活的地步了，Joyce 只好把兩隻狗分開養，只是仍然同住一個屋簷下，為什麼？為什麼自己人不能相處？

講到狗和狗之間的問題，往往都是發生在同性之間，所謂同性相斥，異性相吸，這在狗狗也是一樣的，但是有一點差異的地方，如果狗狗早期就結紮了，會有不同，也就是說，如果一隻公狗早期結紮了，牠可能會和母狗之間相處不愉快，但是和公狗可能還好。這種攻擊行為主要是因為領導性的衝突，而大部分的攻擊行為是源自於焦慮的問題。也就是說，攻擊的狗狗因為不清楚自己的地位，即在狗狗之間是在哪一個位置，因而產生焦慮的問題，進而產生攻擊，而且，不論其他的狗狗有沒有給牠訊號告知，牠仍然產生了焦慮以及攻擊，這就是狗與狗之間的攻擊行為。

說得簡單一點，狗狗之間的攻擊行為分為兩個部分，一個是針對戶外不認識的狗狗所產生的攻擊行為，第二個則是針對自己家裡面已經生活在一起、熟識的狗狗所產生的攻擊行為。在進一步說明之前，你要先知道一件事情，如果狗狗在外面對於不認識的狗狗產生的攻擊行為，不一定是狗與狗之間的這種攻擊行為，有的是恐懼攻擊行為或是領土保護的攻擊行為。

對於外界的狗狗的攻擊行為，問題不是攻擊的狗狗行為不當，而是因為這隻狗狗搞不清狀況而已。這類的狗狗雖然在外面對不認識的狗狗都會出現攻擊行為，但是對於家裡面認識的狗狗卻不會有攻擊行為，為什麼？因為牠早已和家裡的狗狗定好規矩了，清楚的知道自己所在的社會角色，而且是在牠已經確認自己社會階級的環境裡。因為在外面，不確定的相對關係會引起牠的焦慮問題，進一步引發牠對陌生狗狗的攻擊行為。不過還好，這樣問題的狗狗在配合藥物以及行為矯正治療後，反應是很好的。

而家中原本就認識的兩隻狗狗之間的問題，是狗與狗之間的攻擊行為中最常見到的。最常發生的還可分為兩種情形，一種是兩隻狗狗是類似的年齡，或是同樣的體型。這兩隻狗狗一起成長，幾乎同時進入成熟期，所以兩隻狗狗就會為了存在的狀態而競爭，就很容易發生兩隻狗之間的攻擊行為，必須有一方認輸了，才不會繼續的攻擊下去。

另外一種是家中一隻老狗，再加上一隻小狗狗。這種情形很常發生，有很多人先養了一隻狗狗，養到狗狗七八歲以後，想多養一隻狗狗來陪牠，或是剛好最近流行某種品種的狗狗，因此去買了一隻狗狗來養。剛開始的時候，狗狗還小，什麼事都沒有，可是等到小狗開始長大了，到了成熟期以後，兩隻原本都正常而沒有問題的狗狗，這時候就出現問題了，小狗開始挑戰老狗的地位，或是小狗對老狗發出被動式挑戰的訊號，而老狗卻拒絕這樣的挑戰，在這樣的狀態下，小狗可能永遠都不會正式的主動挑戰老狗，可是老狗又不能忍受小狗的這種看似正常卻被動性的挑戰。

所謂主動性的挑戰，是包括對於食物、牛皮骨（生牛皮）、玩具、主人的注意力的挑戰；而被動性的挑戰，是狗狗先天的本能性所產生的，包括牠的姿勢、儀態、以及操控其他動物行為的能力。如果老狗可以有條件的投降，問題就不會發生，如果老狗拒絕投降，或是兩隻狗狗不能達成共識並完全忽略對方的存在時，這種狗與狗之間的攻擊行為就會發生了。

老狗和小狗一起養，易產生攻擊行為！

狗和狗之間的攻擊行為，對象如果是認識的狗狗，基本上還是可以分為兩個部分，一個是攻擊者，一個是被攻擊者。有時候被攻擊者如果出現了完全服從的姿態，比如說躺在地上，露出肚子以及脖子，不要以為這樣就會安全了，要知道，這樣有可能會造成攻擊者把牠咬死。這是最可怕的地方，雖然我們常常會說，在家中的兩隻狗的競爭，主人不要介入，讓牠們分出來高低就安全了，但是實際的狀況是，你永遠做不到不介入，畢竟你是人，沒有辦法在每一個細節上都做到，所以還是會導致狗狗的誤解，因為你的介入，等於讓牠們競爭主人的注意力，往往你要的和你做的是不一樣的。所以，一旦在家中發生這樣的攻擊行為，最好的建議還是把比較不會攻擊的那隻狗轉給別人飼養。我不是要你直接就轉給別人養，你仍然要先治療，包括行為矯正治療以及主人的學習，有的還需要配合藥物的治療，如果仍然沒有效的時候，你真的要考慮轉送他人飼養了。

在狗對狗的攻擊行為到了狗狗成熟時會變得明顯，也就是當狗狗長大到了大約十八到二十四個月齡的時候，也就是一年半到兩年的時候。因為這種形態的攻擊行為和賀爾蒙有很大的關係。舉例來說如果有一隻老狗和一隻小狗之間有攻擊行為，我們把老狗結紮，雖然老狗已經很老了，但是結紮之後，牠們之間的攻擊情況會降低大約百分之六十。所以面對到這類的攻擊行為時，最好是先結紮。

很多人會以為結紮後問題就解決了，不是的，結紮只是一個手段而已，而且越早做，效果越好，如果太晚做，兩隻狗之間的攻擊行為已經發展很久了，這種攻擊行為就不是單純的荷爾蒙問題而已，還有習慣的問題，所以就算結紮了，還是會因為習慣和這隻狗產生衝突而繼續發生攻擊事件。不過您不要因此就不去結紮，因為結紮後的狗比較容易做行為的矯正。

故事中的雪球，就是一隻搞不清楚狀況的狗狗，對於熟識的狗狗，因為已經清楚自己所在的社會地位，所以就算是進入了自己的領域內也不會產生攻擊行為，但是對於不認識的狗狗，雪球搞不清楚狀況，對於自己的社會地位的定義產生焦慮，所以就會產生這種攻擊行為。

而球球和皮皮的問題中，球球一直以來在主人的關注下成長，每日的生活中，無論是散步，或是抱牠的時候，或是餵食，球球總以為自己的社會地位是高於主人的，可是每當被處罰，或是被主人責罵的時候，球球又覺得自己的地位怎會變得如此？這樣的不確定性衍生出的結果，不單單是球球的焦慮狀態，這種焦慮狀態並不太容易被主人發覺，因為最多呈現出測試地位的行為，比如說球球常常會用手放在主人的身上，有時候也會坐在主人的腳上，或是要求主人抱起來……有太多太多的狀況，但是主人的反應卻又再度證實了，球球的地位是高於主人的，雖然主人Joyce一直不這樣認為。當家中又來了一隻新的狗狗皮皮，因為是幼犬，基於好奇以及無知，所以會很喜歡找球球玩，但是在球球眼中，牠已經不習慣於和狗狗相處，再加上牠的自認地位崇高，所以看不慣皮皮很多的動作，但是也因為是幼犬，所以在主人看來只是球球不喜歡皮皮，看起來一切倒也相安無事。隨著時間的過去，皮皮越長越大，而牠是不能容許球球不遵循狗狗的地位原則，牠也會開始測試社交環境以及地位，測試過程中發覺球球的問題，所以皮皮會自然的散出地位較高的表現，有時候可能會因此發生爭執或是爭鬥，但是主人的處罰，無論是對哪一隻都是錯的，對球球的處罰，看在皮皮的眼裡，主人的關注是在球球的身上，這更加強了皮皮爭鬥的心理，因為這樣的社會結構，基本上在狗狗的世界是不被接受的，而有時候主人怕兩隻狗咬起來，就會把小的（球球）抱走，這樣的動作會加強球球自認為王的心理，而又加強了皮皮被主人輕忽地位的心理，所以只要主人不在現場，兩隻狗就會爭鬥到你死我活了。

重點症狀提示：

1. 可能在任何情況下發生，也可能在某些特定情況下發生（如去特定的房間、或是經過某扇門、或是靠近某張床的時候）
2. 年齡比較大的或是比較弱的狗狗，比較容易成為被挑戰者；
3. 有時候只是因為疾病導致暫時的虛弱，也會因此而被挑戰；
4. 通常從社會成熟後才開始；

5. 通常是同性之間的攻擊行為；
6. 會因為競爭交配對象而產生。

如果有這種問題怎麼辦？

萬一你的狗狗有這類的問題（狗與狗之間的攻擊行為），而又是和會遺傳的焦慮有關的問題，這隻狗就不能用來繁殖，因為這種攻擊行為會繁殖下去。

所有有這種問題的狗狗，行為矯正也是要分為兩個階段來進行的，第一階段，先將動物結紮，無論公母都要結紮，然後必須教導牠們無論在任何狀況下都能坐下、趴下、躺下以及等待，對於外界的刺激產生不反應的行為，而對於當初會讓牠產生攻擊行為的狗狗，暫時不可以接觸。當這些都完成以後，才開始外出，對於外界的狗狗，要做去敏感的訓練，讓牠漸漸對這些狗狗不敏感且不反應，這需要透過專人協助或是你必須透過課程學習正確的方法，切勿自己操作，以免導致更嚴重以及更難處理的狀況產生。

無論你覺得牠進步得有多好，也千萬不要讓牠和陌生的狗狗在沒有牽繩的情況下玩耍，萬一你碰到自己的狗狗發生這類的爭鬥的時候，千萬不要站在兩隻狗中間，因為你很可能會被咬傷，最好是對著爭鬥的狗狗扔水球，或是拉著尾巴往後拖開，如果你的狗狗已經發生過攻擊的行為，你應該先讓牠戴上 Gentle Leader Headcollar，這樣不只可以避免主人被咬傷，而且還可以在攻擊之前，透過 Gentle Leader Headcollar 讓狗狗學習不要攻擊。

如果是家中狗狗的攻擊行為，一開始，在沒有人看管的情況下，兩隻狗必須分開來，試著找出到底是哪一隻狗狗想要控制對方，如果挑戰者是年輕強壯的狗狗，而被挑戰的是年紀較老的狗狗，一般來說，您需要加強一個觀念，就是年輕的大於年長的，你要透過讓年輕的什麼都優先，讓牠清楚牠才是地位較高的，無論是食物、玩具、遊戲、洗澡、梳毛、散步、獎勵、綁上牽繩、外出……，都要讓年輕的優先，也要讓牠睡在比較好的位置，睡比較舒服的床，當你把兩隻狗狗分開的時候，要把年輕的這一隻放在比較好以及較舒適的地方，比如說臥室。如果兩隻狗一起散步，年輕這隻的牽繩就要牽得長一點，而年老的牽短一點，這樣可以讓年輕的走在比較前面，如果較老的狗狗接受了這樣的狀態，兩隻狗狗就可以和平的共處了。

但是通常是沒有這麼簡單也沒有這麼單純的，有時候老犬只希望這隻新來的狗滾蛋，這時候就要想辦法讓年輕的這隻狗知道，不只是牠擁有較高的地位而已，老狗還是需要有生存的空間，所以這種狀態千萬不可讓兩隻狗獨處，這時候，就可能需要配合藥物的治療了，但是有時候，這樣的狗狗最好是單獨飼養，就牠一隻而已。

如果年輕的狗狗比老犬還弱，或是比老犬還不健康的話，你就要反過來操作，讓老犬擁有較高的地位，對於年輕的這隻狗狗，佩戴Gentle Leader Headcollar，無論老犬做什麼，年輕的必須坐下等待。

對於這類的攻擊行為，Gentle Leader Headcollar 是很有效的工具，牠並不是一般的口罩，口罩雖然可以避免咬傷，但是無法避免其它的傷害，而且口罩無法矯正行為，也無法停止攻擊的行為。而 Gentle Leader

Headcollar 可以有效的在發生攻擊的第一時間內，讓狗狗清楚知道誰在掌控狀況，而放棄攻擊的行為。戴上以後，狗狗的嘴巴可以輕易的被主人控制，所以當攻擊要發生的時候，只要將 GenteLeader 拉起來，狗狗的嘴巴就會被合起來了。

有些狗狗仍然存在著對自己的社交環境產生焦慮的問題，所以這時候，抗焦慮要就有它的效果了。總之，面對這類的問題，您一定要小心處理，以免問題越來越嚴重。

八、轉向的攻擊行為

Redirected Aggression

很多人幫狗狗取名字都是用小來開頭，就算以後會長大，也還是用小來開頭，而如果牠是黑的就會被叫成小黑，黃的被叫成小黃，當然，白的就會被叫成小白了。家豪也不例外，養了一隻小流浪狗，黃色的，你猜牠會取什麼名字？小黃最符合一般通俗的名字了。有一天，家豪帶著小黃去公園時，小黃和路邊的一隻黑狗打了起來，仔細一看，這也是有主人的狗，兩方的主人都衝過來拉自己的狗，正當對方把黑狗拉開時，家豪也把小黃拉開，這時候，小黃轉身，反過來咬了家豪一兩口，咬到皮也破了，肉也裂了，鮮血不斷的流出來。家豪回頭看到別人的狗狗沒有咬主人，只是狠狠地瞪著小黃，而小黃咬了家豪這一兩口，卻沒有露出一絲絲的歉意，家豪很生氣，為什麼要咬我？

怡伶養了兩隻狗狗，一隻是博美「娃娃」，另外一隻是約克夏「錢錢」，一如往常的，怡伶在下班後回家帶這兩個小東西吃晚餐以及去上廁所，每天總是要做這樣的事，這大概就是養狗的一種甜蜜負擔吧！錢錢和娃娃排排坐著等怡伶，怡伶也很喜歡這樣的感覺，但是怡伶覺得還是要有點規矩，所以總要牠們兩個都坐好了，才餵牠們吃飼料，吃完以後也要坐好等著出門。可是娃娃總是比較急躁一點，想要趕快去，所以都會偷偷地跑到前面等，怡伶生氣了罵了娃娃，誰曉得，娃娃竟然轉身去咬錢錢，咬得錢錢哇哇叫。難道娃娃在吃醋？還是娃娃覺得錢錢都不同進退，害牠被罵而把氣發洩在錢錢身上？

有時候你會發現一種狀況，就是當你的狗狗被罵了，或是被體罰，或是當牠正在攻擊某樣事物、或是人、或是動物的時候，你去阻止牠，這時候牠轉而攻擊你，或是旁邊的人或是狗狗貓貓，這種形態的攻擊行為就稱為轉向的攻擊行為。

如果狗狗正在和別的狗狗打架的時候，你為了怕牠被咬傷，你想要阻止兩隻狗打架，所以你可能會去把狗狗拉開來，這時候，狗狗反過來咬你一口，我深信你一定很生氣，或是很傷心，因為自己養的狗狗竟然咬你，那是因為你不知道狗狗有轉向的攻擊行為。在發生轉向的攻擊行為的時候，狗狗通常是選定離牠最近的人或是動物，而且根本不干這個人或是動物的事。

通常沒有這類事件發生的時候，這隻狗狗並沒有任何攻擊性。如果你發現這隻狗每次被吆喝、或是體罰、或是攻擊別的狗狗被阻撓時，牠不是只攻擊最近的一隻狗，而是永遠都是針對某一隻狗狗的話，你要考慮牠可能有恐懼攻擊行為或是君王攻擊行為的問題，因為轉向的攻擊行為可算是君王地位攻擊行為中控制的一部分。

有時候狗狗在被你罵、體罰或是不准牠做某些事的時候，牠轉而跑去咬另外一隻狗，你可能會誤解，以為牠是在吃醋、忌妒，或是覺得牠是和另外一隻狗爭主人的注意力。千萬不要這樣子想，因為這樣子想不但讓你一直把問題放在「注意力」上面，卻一直忽略了真正的問題所在。

故事中的小黃，並不是真正要咬主人家豪的，但是因為牠的攻擊受到了阻撓，而小黃本身可能有君王地位的攻擊行為，所以會有控制的權力感，而你阻撓了這一點，牠就會起而攻擊，正好最近的就是主人家豪，所以才會被咬，對方的狗狗沒有咬主人，並不代表對方的狗比較好，那只是因為小黃有這種問題而已。

而怡伶的狗狗也是一樣的問題，只是差在攻擊的對象是另外一隻狗，而導致怡伶誤以為娃娃是吃醋了。那只是因為錢錢離娃娃最近，而不是吃醋了。

重點症狀提示：

1. 發生在狗狗想做某件事的時候被處罰、或是被阻撓；
2. 處罰包含口頭的責罵、或是體罰；
3. 可能只會低吼，也可能會真正的攻擊；
4. 攻擊的對象不只是人、還可能是其他的動物；

5. 在狗狗十八到二十四個月大的時候更容易發生；
6. 屬於君王地位攻擊行為的控制的一個部分；
7. 被攻擊的對象，無論是人或是動物，原本不屬於牠的社交對象之中。

如果有這種問題怎麼辦？

從比較深入的角度來看，主人會被咬，就是因為主人對於狗狗的某個行為產生不滿，然而對狗狗採取糾正、責罵或是處罰的動作，也因此引發了狗狗的轉向攻擊行為，所以首先要解決的是，你到底不喜歡牠的哪一個行為？先要對這個行為分析、了解、診斷、並且治療，這樣就不至於對牠發出阻撓、或是處罰的行為。

而主人的部分，最好是學習正確的訓練模式，對於你不喜歡的行為，最好是採取忽略，而積極的使用正加強的模式，轉移牠的行為，我個人最喜歡的是響板訓練 Clicker Training。這部分未來我會再寫一本相關響板的書籍，目前不多做討論。使用響板訓練，也最好有專人協助，你可以很快的得到效果的，最重要的是，響板訓練很好玩，不但有效，而且還可以豐富你和動物之間的生活。

對於還沒有上過學、或是接受過訓練的主人們，您可以先讓狗狗戴上Gentle Leader Headcollar，同時在牠的脖子上掛上鈴鐺，這樣子，你可以隨時監看牠的行為，才能在第一時間處理問題。而最好的處理方式，仍然是需要透過行為矯正，比如說追貓咪的行為，我們就必須改變牠對貓咪的想法，讓牠在遇見貓咪時，轉而採取其他的行為，這需要專人來協助或是透過課程來解決。

九、食物相關的攻擊行為

Food-Related Aggression

倩倩養了一隻西施犬，因為牠很愛吃所以取名為麥當勞，希望一輩子都可以吃香喝辣的，你知道牠有多愛吃嗎？無論是什麼東西牠都想吃，垃圾桶裡的、還是家人吃飯時掉下來的，只要是食物牠就會吃。有一次，倩倩的藥不小心掉在地上，麥當勞也搶著把藥吃了，還好沒有出事，不然就糟糕了。也因為有了這樣的經驗，從此倩倩就特別的注意，只要有東西掉在地上，麥當勞就跑去吃，然後倩倩就會追過去要把食物拿出來，或是禁止麥當勞吃，但是倩倩萬萬沒有想到，就在她去搶麥當勞亂吃的東西的時候，麥當勞突然露出了兇狠的表情，發出了警告的聲音，說時遲那時快，倩倩就被麥當勞咬了一口，當下留下疼痛傷心又錯

麥當勞
勿擾

愕的倩倩，為什麼要咬我？

當狗狗正在吃東西的時候，或是當你手上的食物掉在地上被牠撿到的時候，或是牠的骨頭或是零食被你拿走的時候，如果你在這些情況下靠近牠，假如牠出現低吼、翻起嘴唇露出牙齒、或是露齒低鳴、或是突然碰你一下、或是咬你，這就表示你的狗狗有和食物相關的攻擊行為。一般來說，食物的品質越高，牠的攻擊情況就越明顯或是越嚴重。

這種攻擊行為有時候的對象只是狗狗，有時候還有人類，包括主人。當和食物有關的攻擊行為的對象是人的時候，這通常表示這隻狗未來可能會有君王地位的攻擊行為，所以這種形態的攻擊行為可以當作君王地位的攻擊行為的早期症狀。因為早期的發現，除了可以讓主人除了先了解君王地位的攻擊行為是什麼，在心理上也可以早一點做好準備，在行為上可以早期準備及調整，以免未來可能會發生的嚴重攻擊行為。

狗狗屬於那種會狂歡以及狼吞虎嚥型的動物，保護牠們的食物原本就是一種遺傳下來的行為。如果小狗出生以後，是和一群狗狗共用一個大碗的話，為了要吃飽，所以一定要競爭食物，這樣的狗狗也會因此而學會和食物相關的攻擊行為。

故事中的麥當勞，對於食物的重視度遠遠比一般的狗狗來得高，對於特別的食物，更會出現食物的保護行為。其實所有的攻擊行為，一開始往往有一些徵兆，可惜的是倩倩不知道，總以為麥當勞是她養的，就不會咬她。因為這樣的想法，使得倩倩看到麥當勞撿東西吃的時候，想要使用制止的方法來避免麥當勞亂吃。換個角度來看，這些食物就好像是窮人的錢一樣，一分一毫都是重要的，如果有人想要把你的錢拿走，我想你也會拼命的。倩倩沒看清楚這一點，總認為自己養的狗，再怎樣也不至於咬人，尤其是主人，而且又不是不讓麥當勞吃，又不是餓到麥當勞了，所以才會急忙的去搶走牠的食物，她不知道這一點對於麥當勞來說是很重要的，當麥當勞警告倩倩不要再靠近時，倩倩不理，所以麥當勞只好為了保護牠心中自認為屬於牠的食物，而攻擊主人倩倩。

重點症狀提示：

1. 當狗狗正在吃東西時，只要有人或是動物進入牠的視線，牠就會發出低吼的聲音來警告。
2. 只要牠感覺受到威脅時，無論是真的威脅，還是牠自認為的威脅，牠就會真正的產生攻擊。
3. 食物掉到地上時，牠會邊低吼邊搶著吃，或是去保護食物。

4. 對於飼料可能沒有攻擊的行為，但是如果是骨頭、或是肉片、肉塊、或是其他零食，就會產生保護的攻擊行為。

5. 屬於君王地位攻擊行為控制的一個部分。

如果有這種問題怎麼辦？

面對這種問題的狗狗時，無論攻擊的對象是人類或是狗狗，避免遠遠比治療來得簡單。有這種問題的狗狗應禁止給予生魚、生肉、真正的骨頭，最好只給牠吃單一的飼料，不但如此，餵食的時候，最好在一個不會被干擾或是打擾的地方餵食，因為牠很可能會在被打擾時產生攻擊行為，家裡面如果有小孩子，更要小心。

如果攻擊的對象是狗的話，兩隻狗的餵食就一定要分開，家中不方便隔開的，就應該用繩子將兩隻狗暫時綁在彼此進食時沒有攻擊反應的距離。只有到兩方都吃完以後，才放開。如果兩隻狗中有一隻沒有這種攻擊行為，而你想給牠吃生皮骨（可吃的假骨頭），你就一定要躲在一個另外一隻狗看不到的地方給牠，比如說另外一間房間裡面（門要關起來）。

對於行為上的矯正，建議先教導狗狗學會坐下以及等待，無論給狗狗吃任何種形式的食物，也無論食物的大小，您的狗狗都要先坐下等待。當您在幫牠準備食物的時候，如果牠站起來了，或是破壞你要求的等待時，你就要立即停止幫牠準備食物的動作，甚至於回到原點，不再準備食物。一開始的時候，先準備少量的食物，讓牠坐著等待，如果牠有任何動作，你就立即停止動作並且帶著碗離開，直到牠可以坐著等待，直到你把碗放在地上，然後必須在你說可以後，牠才開始動作。如果你的狗狗會對著你咆哮，你要開始減少餵食的量。你還要練習用手餵狗，但是食物放在手心，你要把手張開讓牠吃，這樣才不至於因為動作產生的刺激而導致狗狗的攻擊行為。當牠可以讓你用碗以及用手餵食以後，你可以讓牠坐著等待，把一個空碗放在地上，然後把碗拿走，立即把碗放回原位，在這個過程中，偷偷地放入食物，牠會以為你不是拿走牠的食物，而是幫牠獵到了食物。不要在任何過程中戲弄你的狗狗，那只會使得狀況更糟糕。在這些訓練的過程之中，千萬要記得，選一個不會被打擾的地方，雖然這對狗狗的行為沒有直接的幫助，但是卻可以避免狗狗被打擾而對你產生攻擊行為。

十、佔有物的攻擊行為

Possesive Aggression

美華從來沒有養過狗，有一天在路上看到一隻小狗一直跟著她，不停的搖著尾巴，那種模樣讓美華燃起了養狗的想法，本來想說還是不要養，可是這隻狗狗就一直跟著她走，就這樣走了兩個街口，只要美華一停下腳步，小狗狗就像忠實的奴僕一般，露出尊敬又快樂的表情，努力搖著細細長長的尾巴，彷彿在對美華說：「帶我回家、帶我回家！」

美華終於鼓起勇氣，決定把牠抱回家養，美華蹲下來，這隻狗狗竟然立即跑向前，舔著美華的手，這真的讓美華高興得不得了，原來被狗狗舔舔的感覺是這麼的溫暖及親近，讓一向孤獨的美華更下定決心要養這隻狗狗。

美華幫牠洗了澡，也看了醫生，並取名為龍龍，就像人類生了小孩希望孩子成龍成鳳。她買了很多東西，籠子、碗、皮繩、項圈、零食、訓練的書、玩具……。這樣的生活，讓美華活得更充實，也更多采多姿。

原本以為，日子會這樣平平順順的過下去，有一天，龍龍在美華的腳邊玩著自己的玩具，美華低著頭看著龍龍，才忽然發現這個玩具已經被咬得髒髒爛爛的，她覺得這樣並不衛生，想要拿去洗一洗，美華伸出纖纖小手要去拿這個被咬髒的玩具時，龍龍突然停了下來，瞪著美華，美華還來不及反應，手就被龍龍咬了一個小洞，美華驚慌又震驚，龍龍才六個多月大，我又這麼愛你，玩具也是我買給你的，我只不過是要幫你拿去洗一洗，你竟然要咬我？這到底是為什麼？難道你不知道我是你的主人嗎？難道你還怕我搶了你的玩具嗎？一大堆的問號，不斷的湧出並且困擾著美華，到底是為什麼？這下該怎麼辦呢？

狗狗的佔有物的攻擊行為，大約有四分之一是從三個月大的時候就有了，另外有一半的狗狗會在七到十二個月大的時候才被發現有這種型的攻擊行為。剛開始的時候，你可能只會發現你的狗狗窩在你的腳旁邊玩玩具，這樣的行為對於你來說是很正常的，可是一旦你想要把玩具拿走，狗狗就會對著你低吼、警告你、甚至於咬你。很多人都以為這隻狗很壞，因為玩具是你買給牠的，應該主權還是在你身上，所以你就認定狗狗應該要服從你，不可以咬你，但是在狗狗來說，不管是什麼原因引起的，總之，你沒有給予正確的教育，你又當如何要求狗狗服從你呢？

要知道有這種佔有物攻擊行為的狗狗，是永遠都不會放棄玩具或是牠認為屬於牠的東西的。雖然有些人會想辦法用別的東西來分散狗狗的注意力，但是有這種問題的狗狗，就算你分散牠的注意力，不用多久，牠又會一樣，只要你想去拿牠的玩具或是東西，牠就會對你產生攻擊行為。

故事中的龍龍，雖然只有六個月大，但是佔有物的攻擊行為是三個月大以後就會有的，所以不要以為還小就不會，這和美華是不是主人沒有關係，而是這樣的狗狗可能在未來會發展成為君王地位攻擊行為，因為這種佔有物的攻擊行為是屬於君王地位攻擊行為的控制的一個部分。在人的眼中，你是去把玩具拿去洗，或是換一個更好的給牠，但是你缺乏了和狗狗溝通的能力，狗狗並不懂你是拿去洗乾淨，只認定你是要把牠的東西搶走，換了你是牠，我想你也是會做出一樣的決定的。如果想要增進自己和狗狗的溝通能力，建議您有機會上上有關響板訓練（Clicker Training）的課，你更能理解以及體會狗狗的想法，你才更能夠運用方法和牠溝通。

重點症狀提示：

1. 佔有物的定義，有時候狗狗會定義在視線範圍之內都算是。
2. 這種狗狗永遠也不會妥協的。
3. 這樣東西可能是牠的，也可能是從主人或是別的狗那裡偷來的。
4. 屬於君王地位攻擊行為的控制的一個部分。

如果有這種問題怎麼辦？

面對到這樣的狗狗，行為矯正是一定要做的，建議尋求專家協助，運用反制約（Counterconditioning）的方法來矯正。反制約是一種運用在動物行為治療的一種方法，也運用在人類恐懼症的處理，藉由教導動物在面對某些刺激時去做另外一件事，來取代原本的行為。因此當動物面對主人要拿走牠的東西時，牠的反應不是用攻擊的方式來反應，而是使用其他的行為來反應，這樣就不會產生攻擊了。

十二、掠奪的攻擊行為

Predatory Aggression

依婷的家裡有一隻哈士奇 CUBE，一歲左右就喜歡追逐獵物，常常一早起床就會發現院子裡有蟋蟀或是蚱蜢的屍體，甚至在前一天晚上去散步的時候，竟然讓牠在草叢裡獵到一隻活生生的兔子，只見 CUBE 興奮的叼著兔子往回跑，完全不聽指令，就這樣 CUBE 和依婷僵持了好一會兒，當 CUBE 放下口中的兔子時，雖然沒看見兔子有任何外傷，但是兔子已經沒有氣息了，天哪！這讓依婷當場愣在那兒！

事情不只如此，這個月，CUBE 還陸續咬了別人家的迷你豬和兔子，雖然兩者都沒有外傷，但是兔子又死了，可能是搖晃得太厲害或是被嚇死的。以往的 CUBE 都是很聽依婷的指令，不會叫不回來，但是只要 CUBE 找到獵物的時候，真的很難叫，讓依婷再也不敢不帶牽繩出門了……。

狗狗在自然界之中原本就會有狩獵的行為，這種狩獵行為一開始是由母親帶著狗狗去做的，現在很多人養的狗狗都是買來當寵物，哪有地方可以狩獵？就算不是買來的，也都是人類以飼料飼養的，當然仍然還是有一派的人認定飼料不好，對於這類的朋友，我就不多說了。因為飼養的關係，狗狗不需要去打獵了，但是所謂江山易改本性難移，就算沒有機會打獵了，但是這種狩獵的本能卻是留在狗狗的身體裡面。順道一提，我常常說不管是什麼狗狗都是一樣，使用正確的方法來教狗狗並不需分狗狗品種，狗狗最多就是個性上的不同，比如說有掠奪攻擊行為的狗狗或是沒有這種攻擊行為的狗狗，差異是在個性，但是教法是一樣

狩獵是狗狗的本能！

的。好了，言歸正傳，有些狗狗仍然會存在著明顯的狩獵行為，這從牠小的時候就不難看得出來，因為小時候就會對移動的小動物產生興趣，牠會先壓低身體，有點像匍匐前進的樣子，等到靠近獵物的時候，才突然衝過去或是跳起來捕捉，並且殺死獵物，但是當牠玩弄這個獵物到被弄死以後，狗狗並不會吃掉它，這就是所謂的掠奪攻擊行為。

剛出生不久的嬰兒，一天下來不外乎是睡覺、醒來、哭叫、然後又是睡覺，這樣的循環對於狗狗來說，嬰兒就很像被牠狩獵回來的獵物，因為受了傷，所以有時候會安靜不動，有時候會醒來，有時候會痛苦的尖叫，所以狗狗會誤把嬰兒當成獵物一般，所以千萬不要把嬰兒留在家裡面和狗狗單獨相處，這是很危險的，不要因為自己的不小心，弄到社會對狗狗產生不諒解。

還好，當小孩長大一點開始會行走以後，狗狗就不會這樣看待小孩了。

除了嬰兒以外，狗狗也會把其他的動物，比如說貓咪、小鳥、或是松鼠、老鼠、甚至於體型較小的狗狗當成獵物，所以當你的狗狗有掠奪的攻擊行為時，你一定要注意，以免別的動物因而受傷或是死亡。

掠奪的攻擊行為除了這些小動物以外，包括移動的物件，比如說腳踏車或是滑板也都是掠奪的對象。但是如果你的狗狗掠奪對象是腳踏車，而當騎腳踏車的人漸漸遠離，牠就停止追逐的話，你要考慮的就不是掠奪的攻擊行為，而是領土保護的攻擊行為了。

狗狗如果是追著騎腳踏車的人，一邊追一邊叫，這還算是比較不危險的，那種會很小心地盯著獵物，慢慢的前進，然後突然攻擊的狗狗，才是最危險的，因為這種狗狗往往會做錯決定，認錯獵物，可是對狗狗

狗狗會把嬰兒當成獵物，
千萬別讓兩者單獨相處。

來說，牠也不會認為自己有什麼錯的地方。

有這種掠奪性攻擊行為的狗狗不一定會對嬰兒產生掠奪的攻擊行為，有的只會對特定的獵物產生攻擊行為，有的會對好幾種產生攻擊行為，有的除了各種小動物都會產生攻擊行為以外，對人類的嬰兒一樣會產生攻擊行為。不過還好，並不是每一隻有掠奪攻擊行為的狗狗都會對嬰兒產生攻擊行為。話雖如此，你怎知道你的狗會不會呢？所以最好就是不要把嬰兒留在家裡面和狗狗單獨相處。

故事中的CUBE，因為有掠奪的攻擊行為，所以才會對這些小動物產生這麼大的興趣，其實依照依婷的說法，第一隻兔子應該是被拋棄的，雖然主人拋棄牠，並不表示牠該死，台灣這樣的現象真的很糟，不尊重生命，我誠摯的希望大家能不養就不要養，一旦養了就要尊重動物的生命權以及生存權，因為生命是平等的。

兔子的死亡不一定是被咬到窒息死亡，有的只是因為驚嚇過度導致的緊迫（Stress）死亡。

有了這樣的經驗以後，依婷不知道學習，記取教訓，仍然自認為 CUBE 很乖，但是有這種掠奪攻擊行為的狗狗，無論平時是多麼乖巧，當獵物出現時，就算是戴醫師教的狗狗也一樣不會聽命令。也因為這樣，才導致第二隻兔子的死亡以及迷你豬的受傷，對於這些傷者及死者來說，這是何其不公平的事，一個聚會，就因為依婷的不注意，而導致生命的損失。

依婷也不必害怕到不敢牽 CUBE 出門，建議佩戴上 Gentle Leader Headcollar，不但可以看管住 CUBE 的行為，也可以避免 CUBE 在看到獵物時的暴衝行為，非但如此，還可以運用 Gentle Leader Headcollar 讓 CUBE 學習在看到獵物時放鬆自己。這種問題是永遠無解的，只能學習避免。

重點症狀提示：

1. 會小心地盯著獵物，慢慢的前進，然後突然躍起捕捉獵物。
2. 對象多數為小動物，甚至於小孩子或是嬰兒。
3. 也會對騎腳踏車或是滑板車的人產生攻擊。
4. 會呈現高頻的叫聲，不協調的動作。突然安靜下來，然後就攻擊。
5. 這是很危險的攻擊行為。

如果有這種問題怎麼辦？

如果有人向你保證可以治好這種問題，千萬不要相信，因為這種問題是無法治療的。面對家中有這樣的狗狗的時候，千萬不要讓狗狗和家中的小孩獨處，因為這樣很容易造成小孩的嚴重傷害。

而對於外面的小動物，無論是小鳥、野兔、家兔、家鼠、烏龜、蟑螂……無論你喜不喜歡，你都應該在你的狗狗身上掛上鈴鐺，因為這樣可以警告那些被掠奪者，你的狗狗已經悄悄的靠近了。記得，不要使用無形的圍籬（電子式圍籬），因為會有別的動物不知道而侵入範圍。這樣的狗狗在放開的時候，都要有人看管，即使是在家中，而外出時一定要用牽繩牽好，以免造成別人的遺憾。

十二、君王地位攻擊行為（支配型攻擊行為、優勢攻擊行為）

Dominance Aggression

幸如養了一隻混種狗小虎，這一養就是四年多，目前牠已經五歲了。牠一歲以前是養在學生宿舍裡，每天都會有很多的同學跑來和牠玩，有時候也會戲弄牠，甚至於欺負牠，雖然大家都沒有惡意，但是漸漸的發現，小虎變成一隻會咬人的狗狗，牠有的時候會跑過來讓幸如撫摸，摸著摸著卻會突然目光渙散，然後撇過頭，就瘋狂的咬幸如。牠有許多的地方不能碰，比如說頭部、身體、尾巴，如果你碰了，牠就會咬人，幸如全家四個人都被咬過，而且咬得都非常的嚴重，嚴重到送急診，家人都想把小虎丟掉或是安樂死，幸如實在是捨不得，但是小虎的確對幸如的生活造成了嚴重的影響，這真是一個兩難的局面。

幸如其實非常疼愛小虎，平常還讓小虎和幸如一起睡，也讓小虎在家裡隨意的走動，幸如一直以為，用她四年的愛心可以感化牠，卻沒想到小虎越來越怪，幸如問過很多醫生，每個人的說法都不一樣，有的說把牠的牙齒磨平，有的說乾脆送走，有的說要打，也有的說要安樂死……可以試的，幸如都試了，也有人說慢慢教就會改善，幸如也想嘗試，可是小虎連口罩、項圈都不讓幸如戴上，連戴最簡單的項圈都會咬人，甚至於幸如的手勢不對也都會被小虎兇，幸如也想說乾脆把犬齒拔了，至少可以讓小虎待在身邊，前幾天還有一個醫生說，請幸如把小虎安樂死，然後再新養一隻幼犬來安撫自己，難道這是唯一的選擇嗎？小虎真的是一隻瘋狗嗎？

先從字面上來說，Dominance aggression 中的 Dominance 是優越、優

勢，無論力量、能力、影響力都在眾人之上，無可匹敵。也因為如此，所以有很多人把這個字解釋成「君王地位」。我覺得沒有一個中文可以翻譯得很貼切，所以我們就暫時先用君王地位吧！

在了解君王地位的攻擊行為以前，你總要先知道，什麼是君王地位吧！這可不是字面上的意義而已，如果你跳過這一段，你很難真正理解狗狗的想法到底是什麼？

君王地位是一種支配、控制、或是優越地位的表現，是一種觀念，是存在動物身體裡的一種對於資源的取用及管理的控制能力。也可用來描述在競爭中輸贏的規則，更貼切的說，君王地位並不是一種取得地位的攻擊行為，而是一種不願意做次等公民的心理狀態。

對於地位高低分配問題，在狗狗來說，地位較低的狗狗才是決定階級分配的狗狗，並不是由地位較高的狗狗決定階級的分配，這點在很多人的想法中剛好是相反的，因為真正地位高的狗狗是可以容忍與地位較低的狗狗共處。因為打鬥而顯現出的君王地位是最不常見的，打鬥是在沒有君王的時候才會發生的。

君王地位和君王地位的攻擊行為並不一樣，千萬不要拉上等號，君王地位的攻擊行為是狗狗對人類的攻擊行為，發生在人類取用資源或是控制資源的時候，狗狗對人所產生不正常或是不適當的攻擊行為。其實，君王地位的攻擊行為和焦慮是有很大的關係的，如果你的狗狗對於牠的社交狀態產生焦慮，不管這個焦慮是因為虐待所產生的，還是由環境的因素所引發的，你的狗狗就會想辦法控制這個社交狀態，或是測試社交環境，為的就是看看牠自己是不是真的可以控制。這種模式中，如果對象是人類，我們就會稱為君王地位的攻擊行為，如果是狗狗，就稱為狗和狗之間的攻擊行為。

更簡單的說，如果有一群狗狗，有一隻是君王地位，牠並不會為了爭奪君王地位而打架，因為牠就是君王地位，無論在身體的姿態上，或是心理上。所以這一群狗就會以這隻狗為君王，由牠控制及支配物資。君王可以容忍與比牠地位低的狗狗共存，所以這群狗狗會相安無事。可是如果這群狗之中沒有君王地位的狗狗，這時候，就會因為這種問題而使得狗群的社會結構出現問題，打架就會發生，而且不是打一架就會結束的，因為這些狗狗之間沒有真正的君王，所以導致狗群中出現狗與狗的相互攻擊行為，不是為了爭出誰是君王，而是這樣的狗群所產生的社交環境，讓這些狗狗產生不知所措的焦慮問題，牠們藉由這樣的爭鬥來測試環境或是社會。

以人類的角度來形容好了，一個國家沒有領導人，國家就會很亂，最後姦淫擄掠都會發生，不是因為這樣的亂象可以出現一個領導人，而是沒有了領導人，使得人民不知所措，對社會失望，對未來憂慮，這是人民的一種焦慮狀態，因為這樣的焦慮狀態，有些人就會開始測試社會，各種犯罪的行為都會出現，這些都不是為了爭奪領導人的地位，而是缺乏領導人的關係，如果有一個人成為領導人的樣子，但是人民都不認為他像領導人，這個社會仍然是充斥著人民的焦慮狀態，所以各種衝突會一直繼續下去。如果出現了一個可以讓多數人民服從的領導人，這個領導人不需要透過爭鬥，他本身就會散發出領導人的氣息，因為他就是，這時候社會就會穩定下來。君王地位就好像領導人一樣，不是用打鬥出來的，而是本身的一種能力及控制，對於社會資源的統合及運用，讓人民安居樂業服從的一種控制。地位的階層不是由領導人決定的，而是人民。

以現代的社會來看，國會亂哄哄，出現明顯的爭執、鬥爭，這是因為缺乏領導人，缺乏一個真正的領導人，也就是說，即使有一個稱為總統的領導人，卻無法給社會帶來真正的和諧及快樂，只會讓人民對未來更憂慮。族群分裂是讓社會越來越不安定的始祖，因為分裂的族群，無論如何選領導人，都無法讓另外一個族群的人接受，這會使得真正的領導人無法出現，真正的領導人由多數的人民共同支持而產生，因為君王地位是由階級低的來決定的。

有時候有些人是可以當領導人的，因為他本身就會有這樣的特質，但是如果社會一分為二，這個領導人就不容易出現了，因為人民被區分為二，永遠都不會有大多數的人支持某一族群的領導人了。也因為這樣的原理，使得社會充斥著不安及焦慮，而這種不安及焦慮，人類自己並不自知，社會的亂象會越來越明顯，族群的爭鬥會越來越多，爭領導地位的現象會不停的上演，但是卻無法出現一個真正的領導人。看看人類自己，和狗狗一樣的，永遠也逃離不了動物的本質。

我們回頭來看看狗狗的君王地位攻擊行為，在所有的攻擊行為中，君王地位的攻擊行為是最複雜的，也需要更多人繼續研究及探索。

雖然我們常常說要當狗狗的老大，讓牠服從你，但是如果你把這種狀態簡化的話，是很危險的，因為君王地位的攻擊行為是一種控制的狀態，不是真正明顯的挑戰（如：搶骨頭）或是曖昧的挑戰（如：搶著坐沙發的位置）。

當你面對到你的狗狗出現地位的挑戰行為時，最好對這些挑戰的行為，用溫和的方式回應，如果你使用體罰或是強制的壓制牠的身體，情況會變得更糟糕，除非你有把握能夠控制住牠，讓牠確信牠不可能會贏，否則最好不要使用這種方法。有些主人會和狗狗戰鬥到底，也就是使用至死地而後生的方法，這樣的方法會讓你的狗狗有條件的投降，這種條件的決定是狗狗的自由心證，雖然牠可以有條件的投降，但是牠的攻擊行為卻會變得更嚴重也更強烈，這還算是運氣好的了，運氣不好的，狗狗就一命嗚呼了。

狗狗的君王地位的攻擊行為並不會因為你的戰勝而消失，因為還沒有一個方法可以去除引發這種攻擊行為的焦慮狀態，所以牠會不斷的運用直接或是曖昧不明的挑戰來測試社會結構以及社交環境。處罰雖然可以對你的狗狗定出一種規則，但是這種規則卻沒有辦法治療狗狗的焦慮狀態。狗狗的社會結構和人類的其實很像，社會的階級是不固定的，會因為順從而一直維持著。狗狗天性就是順從人類的，這種順從的天性還可以透過某些訓練來加強它。可是體罰卻違背了這樣原則，因為狗狗和人類的社會系統建築在順從上。而狗狗的君王地位攻擊行為，就是對於牠認定有威脅的人類運用武力，來脅迫人類順從牠。

有很多人常常不自覺的就加強了狗狗的君王地位攻擊行為，因為通常主人都看不出自己的行為是在對自己的狗狗「順從」！而且主人通常認為狗狗初期的挑戰行為是因為「愛」。比如說用手搭在主人的肩膀上、用腳踩在主人的腳上、推人、緊緊靠著主人的腳、舔主人的整張臉……等等。也因為主人的認知不同，總以為這是愛的表現，所以會很喜歡這類的動作，卻有意無意的加強了這種行為，不但如此，同時也加強了狗狗的焦慮行為。你一定要看得懂這些狗狗用來測試社交環境的行為，但是你也不要反應過度了，比如說，如果你的狗狗睡在你的床上，你把牠推開要牠下床，如果牠會頂著你，一副不願意的樣子，但是最後還是會快樂的離開，你就不必太在意，不要有太多的反應，可是如果牠不但會抵抗，還會對著你低吼、或是用手掌抓你的話，你就要注意了，因為第一種情形的狗狗只有一點點的君王地位或是比較堅持己見，可是第二種情形的狗狗就可能有君王地位攻擊行為的問題了。

君王地位的狗狗或是比較堅持己見的狗狗只是學不會順從而已，或是牠們錯誤的學習，以為唯一得到您的關注的方法就是這樣，但是牠們不一定會攻擊的。

君王地位的攻擊行為的發展和行為的成熟有關，大約是在狗狗十八到二十四個月齡的時候發展出來，剛好這個年齡也是狗狗恐懼（Phobia）、分離焦慮（Separation Anxiety）、其他焦慮問題、以及強迫症（OCD）發展的時候。所以當你在養狗的一開始，不要以為現在很乖就表示以後也很乖，也不要以為現在聽話就表示未來也聽話，更不要以為現在沒有行為問題就表示以後也沒有行為問題。

所有的行為問題都是逐漸形成的，及早處理及預防遠比到時候才處理容易得多。

就像人類一樣，有哪一個小孩在幼稚園就有暴力傾向？有哪一個小孩子小時候就會殺人？又有哪一個小孩一開始就有焦慮或是憂鬱的問題？這些都要到了小孩慢慢長大以後，十幾二十歲後才會逐漸發生的。

有君王地位攻擊行為的狗狗，牠會在幾種情況之下發生攻擊的行為：

1. 當你瞪牠的時候；
2. 當你用毛巾擦拭牠的頭部、頸部、身體或是腳的時候；
3. 當你口頭制止牠或是罵牠的時候；
4. 當你跨過牠的時候（因為牠可能擋在門口或是出入口）；
5. 控制牠的頭部或是吻部；
6. 幫牠套上頸圈的時候；
7. 在牠睡覺的時候把牠吵醒；
8. 用牽繩拉扯牠（如使用P字鍊）；

9. 當你推狗的身體或是肩膀的時候；
10. 把牠的身體反過來躺著的時候；
11. 處罰牠的時候；
12. 強制要求牠趴下或是做其他的動作的時候。

因為君王地位攻擊行為是和焦慮有關的問題，所以每一隻有君王地位攻擊行為的狗狗，反應都不太一樣，有的會很直接而強烈的攻擊，有的卻是不明顯的表現，也有些攻擊行為並沒有聲音（多數會伴隨有低嗚或是低吼）。通常這些狗狗的攻擊行為，會出現露出牙齒警告、咆哮、吼叫、撲咬、或是真正的咬的樣子。如果處罰這種狗狗，牠們的君王地位攻擊行為會更嚴重。也因為君王地位攻擊行為和焦慮有關，也是一個複雜的行為問題，原因通常也不會是單純的一個而已，處罰牠只會加重焦慮狀態，進而使得攻擊行為更強烈，所以處理這種問題就顯得比較麻煩而且比較棘手。

我們可以把君王地位攻擊行為的狗狗分為兩種：

第一種狗狗牠完全沒有任何的疑惑或是困惑，牠就認為牠可以控制或是強迫人類去執行牠的命令，也就是說，牠認為牠要人類做什麼都不是問題（即使人類不這麼認為），這種狗狗是最危險的，因為牠完全不會懷疑自己的控制能力，也就是說，你和牠發生對立的時候，牠會毫不猶豫的攻擊你。

第二種狗狗不確定自己的社會地位或是角色，牠會使用攻擊行為來扭曲社會系統，因為這樣牠才能夠得到自我在社會中的被需求感。牠們會用攻擊的結果來定義社會以及行為的界線。這種狗狗對於自己的社會階層並不清楚，而且牠們的攻擊無論在聲音或是強度上都不夠明確。也因為狗狗的社會和人類的很像，是由順從來維持的流動社會階級結構（Fluid Social hierarchies），所以攻擊會依照不同的人而有不同程度的攻擊或是反應。而且這種狗狗（第二種）多數還有尋求注意力的行為（Attension Seeking Behavior），因為這些狗狗很需要人類去順從牠，不只是因為牠們有不正常的動機，而且這是牠們確認自己在社會環境中存在角色的唯一方法。這種需求，就是需要確認自己角色的需求，主要還是牠們生下來以後就存在的問題（先天的）。

君王地位攻擊行為的狗狗大多數是公的，因為問題發生的原因和焦慮有關，所以結紮是沒有辦法治療的，但是在治療這種問題的狗狗時，配合結紮手術一起進行會有很大的幫助。因為這種攻擊行為還會發生學習的問題，不是別的狗看了會學習，而是每一次的攻擊，都會加強並且學習這種攻擊行為，所以就算結紮去除了荷爾蒙的影響，但是卻去除不了學習而來的攻擊行為。

故事中的小虎，原本就是一隻具有君王地位的狗狗，這本來不是問題，只要幸如好好的教育牠，讓牠學習如何順從人類，問題不會出現，但是從小被幸如的同學戲弄、處罰、甚至於虐待，這會加重小虎原本就存在的焦慮狀態，而使得君王地位攻擊行為慢慢的湧現及形成。小虎其實心裡也會害怕，但是學習後的結果告訴牠，不需要害怕，要堅強，要咬人，因為這不但是一個自保的方法，還可以控制周遭的社交環境，也就是這樣，牠才逐漸開始咬人。

無論幸如做哪一種選擇，戴上口罩、打牠、綁起來……這些不該做的，幸如因為無助，求助於一些所謂有養狗經驗的人，這些人的經驗通常是錯誤的（如果都正確，就不需要獸醫了），這些措施不但加重了小虎的焦慮及不安，還進而導致對人類的不信任，小虎一次一次的確認自己的控制能力，即使是錯誤的，但是在小虎的心裡，就是這樣的，也因為這樣一次一次的加強，使得小虎的君王地位攻擊行為變得非常的嚴重。誰造成的？人類的自以為是造成的。

重點症狀提示：

1. 有君王地位攻擊行為的狗牠會在這幾種情況之下發生攻擊行為：
   - a. 當你瞪牠的時候。
   - b. 當你用毛巾擦拭牠的頭部、頸部、身體或是腳的時候。
   - c. 當你口頭制止牠，或罵牠的時候。
   - d. 當你跨過牠的時候（因為牠可能擋在門口或是出入口）。

e. 控制牠的頭部或是吻部。

f. 幫牠套上頸圈的時候。

g. 在牠睡覺的時候把牠吵醒。

h. 用牽繩拉扯牠（如使用P字鍊）。

i. 當你推狗狗的身體或是肩膀的時候。

j. 把牠的身體反過來躺著的時候。

k. 處罰牠的時候。

1. 強制要求牠趴下或是做其他的動作的時候。
2. 百分之九十的君王地位攻擊行為是公的。
3. 和行為的成熟有關，大約是在狗狗十八到二十四個月大的時候。
4. 會遺傳。
5. 處罰會加重攻擊行為。

如果有這種問題怎麼辦？

所有被診斷為君王地位攻擊行為的狗狗，主人要先學會避免，避免什麼？避免會引發狗狗焦慮而產生攻擊的所有狀況，這樣說起來就非常的多了。不只如此，所以會引發狗狗不正確的行為反應的事件，都要避免。為了避免危險，這種狗請不要讓牠們睡在你的床上，我可以理解有些人不能接受這樣的做法，不過如果你要把問題變小，你想要解決問題，你就必須這麼做。其實，不讓牠睡在你的床上，最難做到的通常是主人，而不是狗狗。

這種狗狗要教導牠放鬆，在開始以前，建議主人們透過課程學習，在家自修往往會發生很多的錯誤，我個人最建議的是使用響板訓練，先作好響板訓練的服從部分以後，在開始往下做行為矯正。

建議方法如下：

1. 先使用食物引導，讓牠逐漸佩戴上 Gentle Leader Headcollar，在這之前，千萬不要直接去碰狗狗，也不要拉牠的腳。先教牠坐下及等待，然後佩戴上 Gentle Leader Headcollar（GL），這種工具不但可以幫助您控制您的狗狗，還可以在牠產生攻擊時，立即將牠的吻部合起來，避免咬傷人，也避免牠的自我加強行為。
2. 當狗狗在睡覺、休息、或是躺在門前、沙發、或是床上的時候，千萬不要打擾牠，如果你想要打擾牠，請在別的地方，運用Come（來）的口令，叫牠來到你的面前，坐下，然後等待。千萬不要把牠從沙發或是床上推下去，當牠用手掌放在你身上或是推你的時候，不要推牠，你只需要用言語表達不願意，然後要求牠來、坐下、等待，只有透過這樣的過程，牠才可以和你互動，得到你的注意。

3. 如果你的狗狗跳到你的身上，或是用手抓你或是抓你的朋友，不要把牠推下去，你們只需要把雙手環抱胸前，背對著牠轉身離開。讓牠沒辦法跳在你身上或是抓你。

4. 只使用 Gentle Leader Headcollar 來牽牠去散步，告訴你的朋友們或是鄰居，這不是口罩，你的狗狗正在做行為治療及矯正，也同時請大家幫忙一起教。

5. 千萬不要和狗狗玩粗魯形態的遊戲，特別是不要玩弄狗狗的頭部。只透過玩具玩遊戲。玩遊戲之前，你的狗狗一定要先坐下、等待。教牠在口令下拿起玩具，在口令下放下玩具，遊戲過程中你一定要贏，不可以輸，如果你無法全部做到，不要和你的狗狗玩遊戲。

6. 不要讓你的狗狗睡在你的床上，如果可以的話，連你的房間都不要讓牠進去。

7. 食物保護攻擊行為的狗狗，很多都有君王地位攻擊行為，有這種問題的狗狗應禁止給予生魚、生肉、真正的骨頭，最好只給牠吃單一的飼料。無論給狗狗吃任何種形式的食物，也無論食物的大小，您的狗狗都要先坐下等待。當您在幫牠準備食物的時候，如果牠站起來了，或是破壞你要求的等待時，你就要立即停止幫牠準備食物的動作，甚至於回到原點，不再準備食物。一開始的時候，先準備少量的食物，讓牠坐著等待，如果牠有任何動作，你就立即停止動作並且帶著碗離開，直到牠可以坐著等待，直到你把碗放在地上，然後必須在你說可以以後，牠才開始動作。如果你的狗狗會對著你咆哮，你要開始減少餵食的量。你還要練習用手餵狗，但是食物放在手心，你要把手張開讓牠吃，這樣才不至於因為動作產生的刺激而導致狗狗的攻擊行為。當牠可以讓你用碗以及用手餵食以後，你可以讓牠坐著等待，把一個空碗放在地上，然後把碗拿走，立即把碗放回原位，在這個過程中，偷偷地放入食物，牠會以為你不是拿走牠的食物，而是幫牠獵到了食物。不要在任何過程中戲弄你的狗狗，那只會使得狀況更糟糕的。在這些訓練的過程之中，千萬要記得，選一個不會被打擾的地方，雖然這對狗狗的行為沒有直接的幫助，但是卻可以避免狗狗被打擾而對你產生攻擊行為。

8. 千千萬萬不可以處罰、或是體罰牠，沒有任何例外的狀況，就是不能處罰牠。因為你的處罰只會加重牠的焦慮以及攻擊行為而已。

如果牠對著你咆哮時，你到另外一個房間，叫牠來、坐下，或是你也可以把牠關在房間裡面（不用很久，約兩三分鐘即可）。如果牠已經使用Gentle Leader Headcollar，你只需要把繩子提起，讓牠的嘴巴合起來，然後放開牠。如果你必須把狗狗移到另外的房間或是轉移牠的注意，到了另外的地方以後，等待牠安定，然後重複多次的教牠坐下、等待的練習。讓牠學會用對的方法來得到主人的注意力及關注。千萬要記得避免任何引發攻擊的事件。

9. 告訴您的鄰居，你的狗狗有君王地位攻擊行為，這種攻擊行為是有危險性的，教導你的鄰居如何面對你的狗狗，以避免危險的發生。當有朋友來訪的時候，先把狗狗牽到另外一個房間裡，等到狗狗安定，外面也安靜的時候，佩戴上Gentle Leader Headcollar以後才可以讓狗狗出來，如果你做不到，你的狗狗就不能出來見客。

10. 如果無論你怎麼做，你的狗狗都會一直吠叫、低吼，忽略你的存在，或是你把牠帶到別的地方做其他的事情，牠仍然不理會的時候，建議你把狗狗單獨關在某個房間裡面。這時候你能做的只有這樣，放逐你的狗狗（到別的房間），因為這樣的做法會移除狗狗控制環境的能力，這樣的狗狗通常是很焦慮不安的，牠們需要靠不斷的互動或是操控來再度確認自己的存在意義及價值，把牠放在別的環境裡面，讓牠們一直重複一個規則定律（如坐下、等待），這樣可以讓牠學會放鬆，牠們才有機會學習正確的行為反應。

11. 當您的狗狗開始做這些調整以後，往後的日子裡，也就是從現在到牠死亡的那一天為止，持續的正面鼓勵加強牠的正確行為是非常重要的。因為犯錯常常會導致行為的退步。這類的攻擊行為並沒有被治療好，只是可以被控制。請記得，有君王地位攻擊行為的狗狗是不正常的狗狗，但是牠們可以學習正常的行為反應。

12. 由於君王地位攻擊行為的原因是焦慮，所以正確的藥物使用（請諮詢專業行為治療醫師）是可以幫助的，但是藥物的使用，是配合行為矯正使用的，不是取代行為矯正，所以千萬不可以單單使用藥物來處理君王地位攻擊行為。

十三、自發的攻擊行為

Idiopathic Aggression

宇志養了一隻公的中型犬，取了個洋名大衛，尚未結紮，在一歲以前都很乖，所以宇志就把大衛養在室內。但是一歲以後，大衛就很會咬人，經常咬傷家人，全家大小都被咬過，而且傷勢都很嚴重，有時候還要去醫院縫傷口。大衛通常是在無預警的情形下咬傷宇志的家人，例如說宇志像往常一樣摸摸牠的頭，然後大衛會突然一口撲上來狠咬著不放。咬玩以後，大衛還會口中帶著白白的泡沫，眼神就像中邪一樣，然後還會抖著牠的嘴唇，又好像抽搐的感覺，看起來好可怕，這時候，如果宇志不離開，大衛就還會再度咬牠，這一年多以來，宇志越來越不敢碰大衛，因為永遠也抓不到牠咬人的時機，從來都沒有固定，沒有道理，也猜不到，讓宇志很恐懼，也曾經有醫生建議將牠安樂死，但是宇志終究是捨不得的，為什麼牠會變得這麼可怕呢？

在故事中，宇志只能說很倒楣，因為大衛的問題是所有攻擊行為中較少見的，而且也是無法解決的，因為這就好像腦部有問題，像瘋子一樣隨意的攻擊，這和一般的攻擊是不一樣的，因為攻擊完了以後，還會出現嘴巴顫抖及口水發出的泡沫，看起來又像是癲癇一樣，這就是所謂的自發性攻擊行為。為什麼？沒有為什麼，因為到現在為止，原因仍然是不明的。真的只能自認倒楣了。

這是最後一個攻擊行為了，這是一種毫無道理可言的攻擊，不但沒有道理，也不可預測，又暴力血腥，又無法控制。這就是自發攻擊行為。就好像你突然觸動了牠的攻擊開關，狗狗看起來好像中邪一樣，攻擊與攻擊之間，狗狗的嘴巴會顫抖，有的會出現泡泡（口水發出的泡沫），看起來又像是癲癇一樣。通常發生在一到三歲的狗狗，有時候你可能會誤以為牠是君王地位攻擊行為。有些行為可以透過刺激來引發，就比如說食物保護的攻擊行為，我們可以把食物放在狗狗面前，然後把食物拿走來觀察牠的反應，藉由這樣的反應來研究有關食物保護的攻擊行為，但是自發攻擊行為很難透過刺激來引發，所以不容易研究。

重點症狀提示：

1. 非典型的攻擊行為。
2. 容易被誤以為是君王地位攻擊行為。
3. 無法區別原因。

4. 最常發生在一到三歲的狗狗身上。
5. 看起來很恐怖，像瘋了一樣。

如果有這種問題怎麼辦?

如果非常不幸的你的狗狗有這樣的問題，你只能認了，因為我們完全無法預期牠何時會產生攻擊行為，也無法預知哪些狀況及環境會引發牠的攻擊行為，所以就無法針對某些特定的狀況做調整或是治療。基本上是無解的，但是這類的狗狗，有些往往有腦部的疾病，比如說強迫症或是腦部邊緣系統的問題，所以徹底的全身檢查，特別是腦部的斷層掃描會有幫助，因為有些還是可以靠藥物來減緩。由於有很多人會把這種攻擊行為誤判為君王地位攻擊行為，而這種是無法治療的，所以面對處理無效時，卻將動物安樂死，把君王地位判為無惡不做的攻擊行為，這反而會造成很多人對行為的誤解，一旦您的狗狗有類似的情形時，一定要由專家研判，切勿自己判斷。

這本書的攻擊行為介紹，不是教各位在家自己做，而是介紹各種攻擊行為以及處理方式，請不要用自修的方式來教你的狗狗，因為這樣是危險的，最好是請教專家，並參加各種教育訓練的課程或是參加行為的研討會，才能為你的狗狗找到最好以及最正確的方法。

對於這麼多的攻擊行為問題，多數人都會採取以暴制暴的方法，那是所有方法之中最沒有效的，卻反而是多數人的第一選擇，為什麼？因為人類總是會用自己的經驗或是想法去套用在動物身上，以為自己是被處罰長大的，對待狗狗就用一樣的方法——不打不成器，但是，您知道處罰有多不好嗎？

1. 處罰不容易正確的應用。
2. 處罰之後會引發很多不可預期的副作用，比如說害怕、恐懼、甚至於攻擊。
3. 雖然處罰是很容易的，但是通常都是不正確的，通常只是一時的情緒發洩。
4. 處罰是仰賴狗狗的害怕、疼痛、慢慢累積下來而達成目的，這對狗狗的心理感受是很不好的。
5. 使用處罰之後，會抑制狗狗的慾望，會使得你訓練狗狗時，狗狗不願意配合。

那麼，不使用處罰，我又該如何處理狗狗的攻擊行為呢？請把狗狗當成小孩一般，需要上學，先上幼犬幼稚園，然後服從訓練，建議使用響板訓練，因為這是最快最有效的訓練方式，不但有效，而且有趣又好玩，看看好萊塢的明星狗，海洋世界的海豚表演，幾乎全部都是運用響板來訓練的。行為不是天方夜譚，看看動物障礙賽，看看導盲犬，看看醫療犬、看看殘障輔助犬，看看這些可愛的動物，只要你用對了方法，連流浪狗都可以變成人見人愛的寵物，很多人不喜歡狗，那是因為他曾經被狗傷害過，或是從小被父母教育成「不要接觸這些毛茸茸的動物，會傳染疾病⋯⋯」，或是被嚇過，或是因為鄰居的狗太壞，讓你產生厭惡。無論是哪一種原因，你都不能否認狗狗是忠實可愛的，如果寵物的行為出現偏差，主要的原因都是源自於主人不當的教育所導致。如果每一個人養的狗都是導盲犬，或是都是好萊塢的明星狗，我相信狗狗在一般人心中就不是現在這樣的結果了。不要以為這一切是我說的天方夜譚，只要你願意，沒有一隻狗是壞狗，只有不會教的主人，沒有教不會的狗狗。面對自己的狗狗有問題時，請靜下心來，好好的想想，這是你的責任，騰出你的時間，去上學吧！

參考網址：www.headcollar.com.tw（Gentle Leader Headcollar的台灣網址）

www.gentleleader.com（Gentle Leader Headcollar的外國網址）

www.dvm.com.tw（戴更基醫師的醫院網站）